中华砚文化汇典

中华炎黄文化研究会砚文化工作委员会 主编

柳新祥
柳飞 著

U0283084

硯种卷

端砚

人民美术出版社
北京

# 《中华砚文化汇典》
# 编撰说明

一、《中华砚文化汇典》（以下简称《汇典》）是由中华炎黄文化研究会主导、中华炎黄文化研究会砚文化委员会主编的重点文化工程，启动于2012年7月，由时任中华炎黄文化研究会副会长、砚文化联合会会长的刘红军倡议发起并组织实施。指导思想是：贯彻落实党中央关于弘扬中华优秀传统文化一系列指示精神，系统挖掘和整理我国丰富的砚文化资源，对中华砚文化中具有代表性和经典的内容进行梳理归纳，力求全面系统、完整齐备，尽力打造一部有史以来内容最为丰富、涵括最为全面、卷帙最为浩瀚的中华砚文化大百科全书，以填补中华优秀传统文化的空白，为实现中华民族伟大复兴的中国梦做出应有贡献。

二、全书共分八卷，每卷设基本书目若干册，分别为：《砚史卷》，基本内容为历史脉络、时代风格、资源演变、代表著作、代表人物、代表砚台等；《藏砚卷》，基本内容为博物馆藏砚、民间藏砚；《文献卷》，基本内容为文献介绍、文献原文、生僻字注音、校注点评等；《砚谱卷》，基本内容为砚谱介绍、砚谱作者介绍、砚谱文字介绍、砚上文字解释等；《砚种卷》，基本内容为产地历史沿革、材料特性、地质构造、资源分布、资源演变等；《工艺卷》，基本内容为工艺原则、工艺标准、工艺传统、工艺演变、工具及砚盒制作等；《铭文卷》，基本内容为铭文作者介绍、铭文、铭文注释等；《传记卷》，基本内容为人物生平、人物砚事、人物评价等。

三、此书编审委员会成员由著名学者、专家组成。名誉主任许嘉璐是第九、十届全国人民代表大会常务委员会副委员长，中华炎黄文化研究会会长，并作总序。九名编审委员都是在我国政治、历史、文化、专业方面有重要成果的专家或知名学者。

四、此书编撰委员会设主任委员、副主任委员、学术顾问和委员若干人，每卷设编撰负责人和作者。所有作者都是经过严格认真筛选、反复研究论证确定的。他们都是我国砚文化领域的行家，还有的是亚太地区手工艺大师、中国工艺美术大师等，他们长年坚守在弘扬中华砚文化的第一线，有着丰富的实践经验和大量的研究成果。

五、此书编务委员会成员主要由砚文化委员会的常务委员、工作人员等组成。他们在书籍的撰写和出版过程中，做了大量的组织协调和具体落实工作。

六、在《汇典》的编撰过程中，主要坚持三个原则：一是全面系统真实的原则。要求编撰人员站在整个中华砚文化全局的高度思考问题，不为某个地域或某些个人争得失，最大限度搜集整理砚文化历史资料，广泛征求砚界专家学者意见，力求全面、系统、真实。二是既尊重历史，又尊重现实的原则。砚台基本是按砚材产地来命名的，然后再论及坑口、质地、色泽和石品。由于我国行政区域的不断划分，有些砚种究竟属于哪个地方，出现了一些争议，因此在编撰中我们始终坚持客观反映历史和现实，防止以偏概全。三是求同存异的原则。对已有充分论据、得到大多认可的就明确下来；对有不同看法、又一时难以搞清的，就把两种观点摆出来，留给读者和后人参考借鉴，修改完善。依据上述三条原则，尽力考察核实，客观反映历史和现实。

参与《汇典》编撰的砚界专家、学者和工作人员近百人，几年来，大家查阅收集了大量资料，进行了深入调查研究，广泛征求了意见建议，尽心尽责编撰成稿。但由于中华砚文化历史跨度大，涉及范围广，可参考资料少，加之编撰人员能力水平有限，书中难免有粗疏错漏等不尽如人意的地方，希望广大读者理解包容并批评指正。

# 《中华砚文化汇典》
# 总　序

　　砚，作为中华民族独创的"文房四宝"之一，源于原始社会的研磨器，在秦汉时期正式与笔墨结合，于唐宋时期产生了四大名砚，又在明清时期逐步由实用品转化为艺术品，达到了发展的巅峰。

　　砚，集文学、书法、绘画、雕刻于一身，浓缩了中华民族各朝代政治、经济、文化、科技乃至地域风情、民风习俗、审美情趣等信息，蕴含着民族的智慧，具有历史价值、艺术价值、使用价值、欣赏价值、研究价值和收藏价值，是华夏文化艺术殿堂中一朵绚丽夺目的奇葩。

　　自古以来，用砚、爱砚、藏砚、说砚者多，而综合历史、社会、文化及地质等门类的知识并对其加以研究的人却不多。怀着对中国传统文化传承与发展的责任感和使命感，中华炎黄文化研究会砚文化委员会整合我国砚界人才，深入挖掘，系统整理，认真审核，组织编撰了八卷五十余册洋洋大观的《中华砚文化汇典》。

　　《中华砚文化汇典》不啻为我国首部砚文化"百科全书"，既对砚文化璀璨的历史进行了梳理和总结，又对当代砚文化的现状和研究成果作了较充分的记录与展示，既具有较高的学术性，又具有向大众普及的功能。希望它能激发和推动今后砚学的研究走向热络和深入，从而激发砚及其文化的创新发展。

　　砚，作为传统文化的物质载体之一，既雅且俗，可赏可用，散布于南北，通用于东西。《中华砚文化汇典》的出版或可促使砚及其文化成为沟通世界华人和异国爱好者的又一桥梁和渠道。

许嘉璐

2018 年 5 月 29 日

# 《砚种卷》
# 序

　　《砚种卷》是《中华砚文化汇典》（以下简称《汇典》）的第五分卷，共二十余册。其基本内容是两部分：一是文字，主要介绍各砚种发展史、材料特性、地质构造、资源分布、雕刻风格、制作工艺等；二是图片，主要展示产地风光、材料坑口、开采作业、坑口示例、石品示例与鉴别等。

　　由于我国地域辽阔，且在很长一段历史时期内生产落后、交通不畅、信息闭塞，致使砚这类书写工具往往就地取材、就地制作，呈遍地开花之势。据不完全统计，在我国的广袤大地上，有32个省、市、自治区历史上和现在均有砚的产出，先后出现的砚种有300余个，蔚为大观，世所罕见。它们石色多样，纹理丰富，姿态万千，变化无穷，让人赏心悦目；它们石质缜密，温润如玉，软硬适中，发墨益毫，叫人赞不绝口；它们因材施艺，各具风格，技艺精湛，巧夺天工，使人叹为观止。除石质砚外，还有砖瓦砚、玉石砚、竹木砚、漆砂砚、陶瓷砚、金属砚、象牙砚，甚至是橡胶砚、水泥砚等，琳琅满目，美不胜收。

　　然而令人遗憾的是，由于历史的局限，我们的这些瑰宝，有的已经被岁月湮没，其产地、石质、纹色、雕刻都无从得知，甚至名字也没有留下，有的砚虽然"幸存"下来，也有文字记载，有的还上了"砚谱""砚录"，但文字大多很简单，所谓图像也是手绘或拓片，远不能表现出砚的形制、质地、纹色、图案和雕刻风格。至于砚石的性质、结构、成分，更无从谈起。及至近现代，随着摄影和印刷技术的出现和发展、出版业的兴起和繁荣，有关砚台的书籍、画册不断涌现，但多是形单影只，真正客观、公正、全面、系统地介绍中国砚台的书却不多，一些书中也还存在着谬误和讹传，这些都严重阻碍了砚文化的继承、传播和发展。

　　《砚种卷》在编撰中，充分利用现有资源，广泛深入调查研究，尽最大努力将历史上曾经出现的砚和现在有产出的砚搜集起来，将其品种、历史、产地、坑口、石质、纹色、雕刻风格、代表人物和精品砚作等最大限度地展现出来，使其成为具有权威性、学术性和可读性的典籍。其中《众砚争辉》集中收录介绍了两百余种砚台，为纲领性分册；《鲁砚》《豫砚》等为本省的综合册，当地其他砚种作为其附属部分；其余均以一册一砚的形式详细介绍了"四大名砚"——端砚、歙砚、洮砚、澄泥砚及苴却砚、松花砚等较有名气的地方砚。这些分册史料翔实，内容丰富，文字严谨，图片精美，比较完整准确地反映了这些砚种的历史和现状。

随着时间的推移，一些新的考古发掘会让一些砚种的历史改写，一些历史文献的发现会使我们的认识相对滞后，一些新砚种的开发会使我们的砚坛更加丰富，一些新的砚作会为我国的砚雕艺术增光添彩，但这些不会让《汇典》过时，不会让《汇典》失色，其作为前无古人的壮举将永载史册。

《砚种卷》各册均由各砚种的砚雕名家、学者严格按《汇典》编写大纲撰稿。他们长年在雕砚和研究的第一线，最有发言权。他们为书稿付出了巨大的心血和努力，因此，其著述颇具公信力。尽管如此，由于受各种条件的制约，这中间也会有这样那样的缺点甚至谬误，敬希砚界专家、学者、同人和砚台的收藏者、爱好者及广大读者，在充分肯定成绩的同时，也给予批评指正。

关　键
2017 年 10 月于京华冷砚斋

# 《端砚》
# 序

    端砚历史悠久、文化底蕴丰富而深厚。它凭借其"传万世而不朽，留千古而永存"的坚固特性，承载着千余年光辉灿烂的历史文化。唐代初期，端砚就以坚实、细腻、娇嫩的石质，绚丽多姿的石品花纹，巧夺天工的砚雕艺术而被列为朝廷贡品。千百年来，端砚被历代帝王将相、文人墨客誉为"群砚之首""文房宝中宝""天下第一砚"。

    随着时代的变迁，现代高科技的高速发展，电脑打字代替了书写，端砚的研墨功能也逐渐退出历史舞台。但值得庆幸的是，如今的端砚以优美的造型、精湛的雕刻工艺，成为当代人欣赏、收藏（投资）珍玩的艺术品。可见，了解和掌握端砚历史、制作工艺、作用与用途等知识，自然成为端砚爱好者最基本的必修课程。

    近日，欣闻柳君新祥又有《中华砚文化汇典·砚种卷·端砚》一书将要出版，非常高兴。悉阅书稿，令人敬佩！我常说，写一本书很难，写一本专著更难！因为，要想写一本端砚专著，没有一定的理论研究基础、专业操作技艺和持久的毅力是写不出来的。但我对此书的出版充满信心，并从三个方面给予肯定。

    一是该书有较强的专业性和权威性。纵观中国砚学史，历代端砚著述颇丰。唐代柳公权《论砚》首开端砚论述先河，继而宋代苏易简《文房四宝》、叶樾《端溪砚谱》、元代王恽《玉堂嘉话》、明代张应文《清秘藏》、清代曹溶《砚录》、吴兰修《端溪砚史》等诸多端砚专著论述问世，推动了端砚文化及工艺的发展。但由于古代科学技术的落后以及交通闭塞、文化交流信息滞后，多数著书者没有到过砚坑，对端砚的制作技艺、砚石特点等也只是道途听说或是引用前人论述转载，更没有能力对端砚展开全面研究，在此情况下，书中不可避免地出现了一些舛误。而新祥则不同，他在肇庆刻砚近40年，有丰富的实践经验，多次赴斧柯山考察，与端州采石工一起下砚坑采石，把采石、设计、雕刻等创作过程中的感想体会一点点记录下来，积累了第一手资料，在撰写过程中对前人著述中某些观点、表述等进行必要的"堪误"。

特别是在书中大胆引用地质专家的最新科研成果，从地质环境、地层学、岩石学的角度对端石的成因、化学成分、矿物结构、物理性质等方面作了全面解释和分析，使人们从书中找到"端砚何以能成为群砚之首"的答案，填补了古今端砚著述中的某些不足和空白。此外，让人们在研究、使用、欣赏端砚的同时，及时了解到端砚的历史文化和鉴赏收藏等知识，这是非常可贵的。

二是深厚的砚雕功底是此书的基础。据我所知，新祥出生于我国著名的木雕之乡江苏泰兴。20世纪70年代他高中毕业，17岁就拜名师学木雕。三年学徒生活使他练就了一手好手艺，经考试应聘于当时故宫博物院下属中国砚文化研究所，从此开始了他的砚雕艺术生涯，其间曾在故宫博物院、北京多家文物单位从事我国历代古砚、御用砚、名家藏砚的研究、修复和仿制工作，积累了丰富的砚台雕刻经验。20世纪80年代初期，他只身来到肇庆并扎根于端砚之乡，把大半生的时间和精力倾注于端砚创作及研究中。在创作中，他把掌握到的"宫作""苏作"砚雕技艺巧妙地融入"广作"中，使作品具有鲜明的个性和独特的艺术风格，深受藏家好评。

三是该书内容具体全面，可读性强。端砚坑种多、地域分布广，新祥在书中除了详细介绍"历史名坑"外，还概述了斧柯山、羚羊山及北岭山诸坑等具有代表性的砚坑石种，以期提高读者鉴别各种坑别、石质、石色、石品的能力。在工艺制作流程、端砚鉴赏收藏、端砚保养等方面，新祥通过数十年的实践和研究把成果付诸文字，用通俗的语言，由浅入深普及端砚知识，列举事例、讲述故事，生动有趣。此外，该书还汇集了多位国家级制砚大师、制砚名师、端砚新秀以及鉴藏家端砚作品图片共270余幅，相信端砚收藏爱好者一定能从书中得到有用信息和启发。

砚雕创作辛苦，搞理论研究更是艰辛，新祥在砚田用刀笔默默耕耘45年，一生无怨无悔，令我深受感动。该书是他的第五部砚著，足以见证他对端砚艺术和自身文化修养的无限执着和追求。我坚信，柳君新祥一定会再接再厉，让更多更好的端砚作品和专著问世。为弘扬端砚文化，传承砚雕技艺，培养更多砚雕专业人才做出更大贡献。

刘演良 于端州
二〇二〇年三月三十日

　　柳新祥，江苏泰兴人，1959年生，享受国务院特殊津贴专家。中国制砚艺术大师、"全国技术能手"、民建中央画院院士、广东省工艺美术大师、《中国工艺美术全集·广东卷》执行副主编及《肇庆端砚》撰稿人、中国文房四宝协会《文房四宝用品团体标准——砚台》起草人、广东省作家协会会员、南京大学客座教授、惠州学院客座教授、正高级工艺美术师、肇庆市（B类）高层次人才、中国端砚（古砚）鉴定专家、肇庆市民间文艺协会主席、肇庆市端砚协会副会长。现任柳新祥端砚艺术馆馆长。

　　20世纪70年代初，师从名师学木雕工艺，后应聘于故宫博物院下属中国砚文化研究所，专业从事我国历代古砚、御用砚、名家藏砚的修复、仿制和研究工作。1983年作为制砚技术人才引进肇庆，从事端砚设计创作至今。

　　40多年来，秉承传统，开拓创新，自立"柳派砚雕"流派，作品风格独特，共获得国家级、省级金、银奖50余项，21件作品获得著作版权。有《中国名砚系列——端砚》《中国砚台收藏问答》《砚风艺韵——柳新祥砚雕艺术》《砚台入门手册》等专著出版。创作并发表电影文学剧本《砚之魂》1部、砚台理论研究文章100余篇。

　　柳飞，祖籍江苏泰兴，1986年生，肇庆学院端砚雕刻与设计专业毕业。柳派砚雕继承人、"全国技术能手"、广东省优秀民间文艺家、广东省工艺美术家协会理事、肇庆市端砚雕刻技术能手、肇庆市端砚协会理事、肇庆市端州区第九届人大代表。现任柳新祥端砚艺术馆副馆长、肇庆市新利端砚艺术发展有限公司总经理。

　　自幼受父亲柳新祥砚雕艺术熏陶。大学毕业后，继而学习砚雕技艺，并深入探究父亲制砚技法，作品既有传统韵味，又有时代气息。13件端砚作品荣获国家级及省级工艺美术博览会金奖、银奖。发表端砚相关文章10余篇。

# 目 录

概论

图1　肇庆之夜

　　肇庆是一座具有2200多年历史的国家级历史文化名城。位于广东省中部偏西，西江干流中下游，地处珠江三角洲，是岭南土著文化发祥地之一，南北文化和谐交融之地，中、西文化率先交流之域。这里山水环抱，钟灵毓秀，人杰地灵，文化璀璨。有"岭南名郡"之美称。（图1）

　　据史籍记载，"肇庆古属端州"。汉武帝元鼎六年（121），始立高要县治，至隋开皇九年（589）改置端州。宋代绍圣三年（1096），赵佶受封于端州为端王。元符三年（1100）赵佶继承皇位，"重和元年（1118）赵佶亲笔御书'肇庆府'赐守臣"。[1]

从此"端州"更名为"肇庆"，一直沿用至今。（图2）

端砚，产自肇庆市东郊西江羚羊峡南麓斧柯山端溪水一带和对岸羚羊山以及城北北岭山南坡（西起小湘峡东至鼎湖山），当地人用此地砚石制作的砚，称作"端砚"，或称"端溪砚"。

端砚，与安徽歙砚、甘肃洮河砚、山西澄泥砚同为中国"四大名砚"。而端砚质地坚实、细腻、娇嫩，雕刻工艺精湛，并具有发墨快、贮水不涸、呵气研墨等特点，被历代帝王将相、文人墨客誉为"天下第一砚""文房宝中宝"，名列"四大名砚"之首。

探究端砚"久盛不衰，名贯古今"的发展历史，可知它主要有四大特点：

图2　历史画《宋徽宗赵佶御书"肇庆府"》（郭穗华绘）

# 一、厚重的历史

端砚凭借其优良的质地、精湛的雕刻工艺和"研墨不滞，不损毫"的使用效果，初唐时就得到了贵族阶层的宠爱和推崇。唐太宗李世民（599—649）自幼酷爱书法名品《兰亭序》，并"命佣工把褚遂良临写的《兰亭序》铭刻在端砚上，赏赐给功臣魏征，……时为贞观七年（620），端州第一批贡品之一"。[2]

唐太宗在位时，每年奖赏朝廷大臣必用端砚。[3]有一次，为了感谢开国重臣褚遂良（589—658），唐太宗特将一方心爱的"端溪石渠砚"赏赐给他。褚遂良深感荣幸，视为珍宝，并在砚底镌"润比德，式以方，绕玉池，注天潢。永年宝之，斯为良"作为他终身为官做人的座右铭。[4]（图3）

相传，唐代女皇武则天（624—705），十分赏识朝臣狄仁杰的才学，为了表示对他的厚爱，武则天将"日月合璧，五星联珠端砚"赏赐给他。端砚也从此被视为稀世珍宝。[5]（图4）

中书令许敬宗曾是唐初秦王府十八学士之一，历任中书舍人礼部尚书、侍中等职。在唐高宗永徽年间（592—672），"其女嫁给岭南贵族冯盎之子冯玳，得冯所赠端砚，

---

[2] 陈日荣编著：《宝砚风华录》，北京：语文出版社，1998年版，第172页。
[3] 柳新祥著：《中国名砚·端砚》，长沙：湖南美术出版社，2010年版，第3页。
[4] 同上。
[5] 同上。

图 3　历史画《唐太宗赏赐端砚给褚遂良》（周一萍绘）

图 4　历史画《武则天赏赐端砚给狄仁杰》（周一萍绘）

加上其他礼品，被视为当时最奢华的嫁妆"。[6]

　　至唐中晚期，一大批上层名流及文人墨客，如褚遂良、李贺、柳公权、刘禹锡、许浑、李咸用、齐己、皮日休、徐夤、陆龟蒙、徐铉等，他们在使用、鉴赏、收藏、馈赠的同时，写下了许多诗词、歌赋，对端砚大加赞赏并极力推崇，文章短小精悍、情真意切。下面列举几首：

　　刘禹锡《唐秀才赠端州紫石砚以诗答之》云：

　　　　端州石砚人间重，赠我因知正草玄。

　　　　阙里庙堂空旧物，开方灶下岂天然。

　　　　玉蛤吐水霞光静，彩翰摇风绛锦鲜。

　　　　此日佣工记名姓，因君数到墨池前。[7]

　　皮日休《以紫石砚寄鲁望兼酬见赠》诗云：

　　　　样如金蠖小能轻，微润将融紫玉英。

　　　　石墨一研为凤尾，寒泉半勺是龙睛。

[6] 陈羽著：《端砚民俗考》，北京：文物出版社，2010年版，第8页。

[7]《端砚大观》编写组编：《端砚大观》，北京：红旗出版社，2005年版，第304、305页。

骚人白芷伤心暗，狎客红筵夺眼明。

两地有期皆好用，不须空把洗溪声。[8]


陆龟蒙《袭美以紫石砚见赠以诗迎之》诗云：


霞骨坚来玉自愁，琢成飞燕古钗头。

澄沙脆弱闻应伏，青铁沉埋见亦羞。

最称风亭批碧简，好将云窦渍寒流。

君能把赠闲吟客，遍写江南物象酬。[9]


唐代诗人李贺文采出众，写诗善于熔铸词采，驰骋想象，他一生酷爱端砚，并把丰富的情感融入其中，激情昂扬地写下了《杨生青花紫石砚歌》：


端州石工巧如神，踏天磨刀割紫云。

佣刓抱水含满唇，暗洒苌弘冷血痕。

纱帷昼暖墨花春，轻沤漂沫松麝薰。

干腻薄重立脚匀，数寸光秋无日昏。

圆毫促点声静新，孔砚宽顽何足云。[10]


他在诗中运用神话传说，创作出恢奇诡谲、璀璨多彩的鲜明形象。如用"紫云"比喻石色紫润，以"暗洒苌弘"比拟石中隐约漂浮的"青花"纹，又以"冷血痕"隐射砚石面的"火捺"，短短几句把端砚石色、石品、石质描写得淋漓尽致。

两宋时期，文人执政，金石之学盛行。天生丽质的端砚，得到了宋徽宗以及苏易简、欧阳修、王安石、米芾、赵希鹄、苏轼等一大批上层名流的极力推崇，端砚"四大名砚"

[8]《端砚大观》编写组编：《端砚大观》，北京：红旗出版社，2005年版，第304页。
[9]《端砚大观》编写组编：《端砚大观》，北京：红旗出版社，2005年版，第305页。
[10]《端砚大观》编写组编：《端砚大观》，北京：红旗出版社，2005年版，第299页。

图5 岳飞端砚拓片

之首的地位得到巩固。他们通过设计、制作、收藏、品鉴等方式，把端砚的审美融入情感里。例如：南宋爱国英雄岳飞在烽火岁月里也携端砚在身，并在砚背镌铭"持坚、守白、不磷、不缁"，充分表现他"精忠报国"的决心和刚正不阿的高尚品德。（图5）

又如北宋著名书法家苏轼，一生藏砚过百方，尤痴爱端砚，所写关于端砚的论述、铭文等逾百篇。他被贬至儋州（今属海南省）途径西江斧柯山时，亲历砚坑考察，目睹端州石工洞内采石的场景后，深有感触地在自己的端砚上镌刻："千夫挽绠，百夫运斤，篝火下缒，以出斯珍。一嘘而泫，岁久愈新，谁其似之，我怀斯人。"[11] 每读此诗，如身临其境，不难想象他笔下采石砚工的艰辛和恢宏的场景，令人难以忘怀。（图6）

---

[11] 李护暖著：《历代端砚诗赋广辑及注释》，广州：岭南美术出版社，2011年版，第27页。

图6　历史画《苏东坡端砚题诗》（周一萍绘）　　　图7　历史画《乾隆为端砚题铭》（郭穗华绘）

　　宋代中晚期，端砚由实用型逐步向艺术欣赏型方向转变。造型丰富多样，雕刻精致典雅。深雕、浅雕无所不及。

　　明清时期，端砚艺术得到进一步提升和发展。端砚的实用性与艺术欣赏性得到巧妙融合。尤其在清代康、雍、乾三代帝王统治时期，端砚得到前所未有的重视，帝王们不仅喜爱收藏端砚，而且在宫内设"造办处"，并招收名师巨匠为"御府"制砚。其砚式古朴厚重、工艺精湛，典雅别致。乾隆皇帝虽日理万机，但他还将历朝名家使用过的62方端砚，就石质、石材、题材、雕工等亲自题诗刻铭，加以赞扬和评价，并编入《西清砚谱》一书，足见他对端砚之酷爱，这也成为研究端砚历史文化的宝贵资料。（图7）

# 二、刚而幼嫩的石质

　　从使用角度说，砚台的好与坏不是看它雕刻的华缛，而是要在研磨时下墨快，发墨好，但发墨好必须要具备优良的石质。端砚之所以得到历代文人墨客的钟爱，就是因为它具有了"发墨不损毫"[12]以及"摩之寂寂无声响，按之若小儿肌肤"[13]"夏不腐臭，冬不结冰"等特点。以老坑石为例：由于老坑石经过数亿年的地质演变，形成于西江河床下100多米，常年浸泡在水中，从而构成了"体重而轻，质刚而柔"[14]的石质，使得老坑石如此细腻幼嫩、滋润，能达到"呵气研墨"的效果。清代砚学家陈介亭称赞老坑砚有八德，即"不挠而折，勇之方也；贮水不耗，质之润也；研墨无泡，质之柔也；发墨无声，质之嫩也；停墨浮艳，质之细也；护毫加秀，质之腻也；起墨不滞，质之洁也；经久不乏，质之美也"[15]，生动地刻画出老坑石独特的性质。

　　所谓"质刚而柔"是从雕刻过程和研墨的角度来说的。在此，笔者还要讲一段神奇的故事：相传唐朝某年，端州莫姓举人进京会考，考试那天突降大雪，天气奇寒，考场上应试者都为砚池结冰、无法研墨书写答卷而焦急不安，可端州来的莫举人却在考卷上笔走龙蛇，很快答完了大部分试题。莫举人快要答完最后一题想再添水磨墨时，发现水壶里的水早已结成坚硬的冰块！这时他也慌了神，急得直跺脚。眼看考试时间很快结束，

[12]《端砚大观》编写组编：《端砚大观》，北京：红旗出版社，2005年版，第160页。
[13]《端砚大观》编写组编：《端砚大观》，北京：红旗出版社，2005年版，第165页。
[14] 同上。
[15] 陈日荣编著：《宝砚风华录》，北京：语文出版社，1998年版，第124页。

考场上应试者已乱成一团。当莫举人束手无策之时，奇迹出现了：他突然发现桌面摆放的端砚砚堂中有潮湿现象，水雾渐渐地从砚堂中浸透出来，变成一颗颗晶莹剔透的水珠！于是他抱起端砚拼命向砚堂呵气，立即趁湿研墨、奋笔疾书，很快答完了最后一道考题，并以满分考取了进士。而莫举人考试时的这一情景被考官看在眼里，觉得十分惊奇，为此他禀报皇上，皇帝听后觉得不可思议，并拿起端砚不停呵气研墨，效果果然如此。此事轰动朝野，端砚从此成为朝廷贡品。（图8）

图8　监考官得端砚如获至宝（郭穗华绘）

# 三、丰富美妙的石品花纹

在国内数十种砚台中，每个地方的砚石都有自己的石品特点，而端砚石品更是丰富多姿、美丽可爱。如鱼脑冻、火捺、蕉叶白、石眼、天青、青花、金线、银线、冰纹等，都是端砚石中特有的天然石品，非常珍贵。它们存在于各种坑别的砚石内，有大有小，有聚有散，有长有短，形态千变万化，让人浮想联翩。石眼是最具创意的石品之一，它圆润、晶莹、神奇、迷人。由于石眼生长的位置、大小、多少、形态、色泽不同，因此作者在创作时都会将它巧妙设计在砚堂中或砚额上，或根据石眼的各种特点，设计出不同种类的题材纹饰，如日、月、星辰、动物的眼睛或瓜果等，以凸显石眼的艺术效果。

端砚石上的青花，若涧沚细藻，朱碧莹然，犹如鱼儿队行。石之极细，精华所发，妙在隐现中，视之无形，濡水乃见。

天青，质细而润，色纯而艳，入水则如紫气溘郁，颇移人情。它常与青花共生，因颜色古朴而受到人们的青睐。

蕉叶白，膏之所成，一片白润，仿佛芭蕉叶上霜花未干，若云蒸霞蔚，闪烁无定。

火捺，四轮有芒，聚而成圈，大小形态不同。有时由蕉叶白、鱼脑冻组成。

冰纹、冰纹冻、金线、银线，纵横纹或白或黄，乍视似裂，细视无瑕，胃如蛛网，轻若藕丝，构成了观赏性画面，也是鉴别老玩石的重要标志。

又如端砚石中的鱼脑冻，质地细腻幼嫩，色泽淡青，有松如团絮，吹之欲散，触之欲起之感，是端砚中最名贵、最稀有的石品。它多存在于老坑、坑仔岩、麻子坑"三大名坑"砚石中。端砚石品美丽而神秘莫测，由于它生成的形态、大小、色泽各异，砚雕师在创作中总会根据其石品的大小、形态、色泽设计出各种形制和不同的题材并进行巧夺天工的创作。

不同的坑别、不同的位置都隐藏着各种各样的石品，它的出现给作者提供了无限的遐想空间和创作灵感，从而使端砚更具有独特的艺术魅力。

# 四、精湛的雕刻艺术

端砚雕刻，是端砚艺术的重要组成部分，是核心、是灵魂。自唐以来，历代帝王将相、文人墨客对端州砚雕艺人的砚雕技艺大为赞赏，写下了大量诗篇。尤以唐代诗人李贺一手"端州石工巧如神"成为千古绝句，流传至今。在漫长的历史长河中，端州砚雕艺人不断总结古人制砚经验，充分发挥自身的技艺特长，根据天然砚石特点，因石构思，扬瑜掩瑕，随形镌刻。使其形制丰富多样，如植物形制主要有荷叶、芭蕉、竹节、瓜瓞等，动物形则有鱼、蚌、鹅、牛、羊、兔、麒麟等，仿古器物主要有钟、鼎、琴、斧、古币等，妙为裁夺、精品呈现。在雕刻技艺上，由浅雕、浅浮雕逐渐向深雕、通雕、镂空雕等方面发展，无论山水人物、日月星辰、亭台楼榭、祥禽瑞兽还是花卉野草，都能表现得层次清晰、栩栩如生。明清时期，尤以白石村罗、郭、程、李、梁、蔡为代表的端砚世家异军突起，各家族砚雕形制、技法、刀法特点明显，风格各异。砚雕技艺在一代代艺人的创新与传承中得到巩固和发展。

当代制砚艺术家们在继承古代砚雕艺术特点的基础上，敢于开拓创新，并根据当代人的使用与欣赏习惯和审美特点，把历史、文学、绘画、书法、雕塑、篆刻等巧妙融于一体，并借鉴玉、木、石、象牙、陶瓷等雕刻艺术，以及借助电动雕刻工具，采用深雕、镂空雕、浅浮雕、俏色雕、线雕等多种技法，精心雕琢。创作出一大批题材新颖独特，工艺精妙绝伦，既有传统韵味，又具有新时代特色的砚雕作品。

在漫长的历史发展中，端砚以悠久的历史、优良的石质、绚丽多姿的石品花纹以及巧夺天工的砚雕艺术而著称于世，深受文人墨客的喜爱。而随着当代电子科技的飞速发展，电脑打字等现代化办公设备代替了书写研墨工具，学习书画、使用端砚研墨的人越来越少，端砚逐渐成为投资收藏的艺术欣赏品。但随着我国传统文化复兴工作不断深入展开，端砚作为中国千百余年的传统文房工具，不论何时，如何创新，它的文化艺术价值和历史地位是永远不会改变的。（图9）

图 9　百子千孙砚（柳新祥端砚艺术馆藏）

# 第一章
# 端砚发展史

据史料记载，端砚在初唐时期就已成为朝廷贡品，中晚唐时风靡全国。它历经唐、宋、元、明、清，至今已有 1400 年历史。它以其坚实致密、细腻娇嫩的石质，丰富多彩的石品纹理以及巧夺天工的砚雕技艺被历代帝王将相、文人墨客誉为"文房宝中宝""天下第一砚"。

千百年来，历代砚匠们不辱使命，精心创作，使端砚展现出独特的艺术魅力和王者大家的气魄与风格。每一道工序无不体现出端州砚匠的勤劳、聪慧和奋发图强的拼搏精神，每一块砚上都凝结着一代代制砚人的心血和汗水。2006 年端砚制作技艺入选第一批国家级非物质文化遗产名录，成为中华民族文化艺术的瑰宝。

# 第一节　端砚起源说

关于端砚的起源，今天端砚著述多数引用清代计楠《石隐砚谈》中的"端溪石，始出于唐武德之世"[1]。"武德"为唐高宗年号，武德元年为公元618年，根据这一推算，端砚自唐至今已有1400年的历史了。但近年来，也有砚学专家提出了不同的观点，认为发现和开采制作端砚的时间可能在魏晋时期，甚至汉代。宋代高似孙《砚笺》云：晋代书圣王羲之，曾使用过一方瓦式"凤池砚"，紫石为之。又言"石夷庚家（藏）右军古凤池（砚），紫石（池）心凹"[2]（端石色赤、青紫，古人统称紫石）。宋代米芾《砚史·样品》载："晋砚见于晋顾恺之画者……余尝以紫石作之。"[3]可见端砚早已在唐代以前的贵族阶层中使用。此外，清代《西清砚谱》编著者在介绍一方晋代"壁水暖砚"时肯定："是砚质理紫润，绝类端石……窃意端溪岩石，虽自唐著名，晋魏前必已有取为砚材者。"[4]（图1-1-1、图1-1-2）用以上观点作为端石开采之始的依据，且不论其说法是否准确，但这样的推测也不无道理。要知道端砚从发现砚材并将它制作成砚台，甚至成名，需要一个漫长的开采、制作、使用和被认可、珍视的发展过程。

砚学专家们推测：端砚采石、制作起源于汉代，形成于晋代是有可能的。要想了解

[1] 高美庆编：《紫石凝英：历代端砚艺术》，香港：香港中文大学文物馆，1991年版，第140页。
[2] 陈日荣编著：《宝砚风华录》，北京：语文出版社，1998年版，第168页。
[3]《端砚大观》编写组编：《端砚大观》，北京：红旗出版社，2005年版，第106页。
[4] 于敏中著：《西清砚谱》（卷七），北京：中国书店，2014年版，第135页。

图 1-1-1　壁水暖砚

图 1-1-2　西清砚谱

端砚的起源，首先要了解端州的历史。

历史上的端州，地处五岭之南，边陲荒蛮，人烟稀少。由于各地土豪列强相互攻占，割地为界，战乱不断。据史料记载，汉武帝平定南越后，于元鼎六年（公元前 111）始置高要县治。此时，大批中原征战兵将、流放犯官以及古蜀国的移民迁徙南下，"通过越城岭道入贺江、西江而定居岭南"[5]。他们中有的驻扎在高要西江流域一带与居住此地的"俚僚"（苗族瑶族等少数民族）杂居，一起开山辟地，耕种良田；有的在斧柯山茂密森林中种植供祭祀用的香料树为生。他们把采集的制香原料用石磨、石臼碾碎成粉末，并制成各种香枝用以换取生活必需品。在南迁的人群中，有不少能工巧匠从斧柯山上捡来板状岩石专门"为土著人制作研磨、石皿、石盘等加工香料的工具"[6]。大批量的"香料加工制作逐渐衍生了打制石磨、石臼、磨刀石等工具的工匠和凿石行

[5] 肇庆市端州区地方志编纂委员会编：《肇庆市志》，广州：广东人民出版社，1996 年版，第 4 页。

[6] 陈羽著：《端砚民俗考》，北京：文物出版社，2010 年版，第 7 页。

图 1-1-3　散落在斧柯山上的石磨

业"[7]。（图 1-1-3）

　　这一时期，中原文化不断深入交融于岭南文化中，岭南地区的文人墨客使用的瓷砚、竹木砚、玉砚以及各种金属砚流行，但这些砚研磨不发墨，凿石工匠们就利用斧柯山上的板状岩石及打制石器具的小料，制作成形似石磨、石盘、石臼等各种带水池的砚台，专供文人墨客研墨使用。在魏晋南北朝时期的三百余年中，"中原战乱，大量汉人再次南迁。南移军民将中原先进生产技术和文化带进岭南，并与土著民族一起开发岭南，因而促进了南北经济的联系"[8]。由于制墨工艺的迅速发展，文人墨客淘汰了玉砚、木砚、竹砚、金属砚，使用石砚的需求量增加。这一时期，用斧柯山的板状岩石制作的砚台形制多为瓦式、凤池、圆形三足等，砚上也出现了少量雕刻纹饰，如花草纹、龙纹、蛇纹、

[7]陈羽著：《端砚民俗考》，北京：文物出版社，2010 年版，第 4 页。
[8]肇庆市端州区地方志编纂委员会编：《肇庆市志》，广州：广东人民出版社，1996 年版，第 7 页。

图 1-1-4　石臼

鸲鹆鸟纹等。雕刻工艺带有鲜明的岭南地域特色和风格。（图 1-1-4）

　　经过文人墨客的长期使用，他们发现用板状岩石制作的砚台石质较粗糙、发墨差、损毫，研出的墨汁使用起来也无法使书画达到最佳效果。于是，凿石匠工们又纷纷到斧柯山上寻坑挖石或到山下端溪水中捡卵石回来制作砚台，这些石头质地细腻滋润，研磨下墨如风，发墨不损毫，墨汁浓淡均匀，使用效果好，很快得到当地贵族阶层及文人墨客的认同，并在岭南地区少量流传使用。北宋苏易简于 1061 年前后，撰写了一部历史上最早的砚学著作《文房四谱》，他在书中首次记载了端砚产地："世传端州有溪，因曰端溪，……其石为砚至妙，益墨而洁。其山号曰斧柯山，昔人采石为砚。"[9] 由此似乎见证了端州石工采石制砚的历史，但令人遗憾的是，即使在肇庆本土，至今也未发现隋唐以前与端砚相关的文献记载。

[9][清] 唐秉均：《文房肆考图》，重庆：重庆出版社，2010 年，第 100 页。

# 第二节　唐代端砚

## 一、端砚显于唐代

采石制砚始于历史上哪一年，谁又是第一方端砚的制作者，现在无从考证，但端砚始于唐代的证据却很多，现从文献资料和出土实物两方面予以考证：

1. 据考古文献资料介绍，1952 年，我国考古专家在湖南省长沙市 705 号唐墓出土一方"端溪石箕形砚"，"砚形呈簸箕形，砚前背部凸出与砚背后两足同时落地，砚池倾斜深凹"[10]（《考古》1965 年第 4 期），造型精巧轻盈。（图 1-2-1）

图 1-2-1　箕形砚

---

[10] 柳新祥著：《中国名砚·端砚》，长沙：湖南美术出版社，2010 年版，第 2 页。

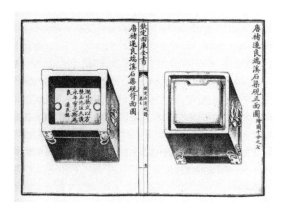

图 1-2-2　钦定《西清砚谱》

图 1-2-3　黄岗地貌手绘图

2. 2010 年 7 月，广州市文物考古研究所专家们在广州市昌岗路一座古墓中又发掘出一方"端溪石箕形砚"，器型古朴典雅，制作精美。这是迄今为止广州出土的第二方唐代箕形端砚。专家称，以上出土的端砚形制与 1952 年长沙 705 号唐墓出土的箕形砚及 1956 年在广州动物园出土的唐代"箕形砚"形制完全一致，印证了端砚问世的历史。

3. 中唐时期，唐代著名政治家、文学家刘禹锡写有一首《唐秀才赠紫石砚以诗答之》，诗云："端州石砚人间重"[11]，肯定了端砚的产地和价值。

4. 晚唐诗人李贺写有《杨生青花紫石砚歌》，诗中云："端州石工巧如神，踏天磨刀割紫云"，充分体现了端州采石、制砚工匠高超的技艺和不畏艰险、奋斗拼搏的精神。

5. 唐代李肇《唐国史补》载："端溪紫石砚，天下无贵贱通用之。"[12] 据史料记载，李肇任翰林学士，官至中书舍人，曾著书记录当时全国的农副特产、手工名优产品。"《唐国史补》记录年限从开元至长庆年间（714—824），跨越唐德宗贞元、元和两个年号，与李贺和刘禹锡写诗时间大致相同。"[13]

6. 据清代钦定《西清砚谱》记载，清代乾隆皇帝认定"唐初褚遂良的一方石渠砚是下岩端石制作的端砚，该砚当时藏于清宫"[14]。褚遂良是唐代初期唐太宗李世民的重臣。（图 1-2-2）

[11]《端砚大观》编写组编：《端砚大观》，北京：红旗出版社，2005 年版，第 300 页。
[12] 凌井生著：《中国端砚——石质与鉴赏》，北京：地质出版社，2003 年版，第 8 页。
[13] 同上。
[14] 同上。

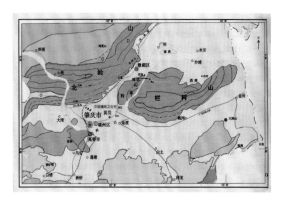

图 1-2-4　黄岗地形图 　　　　　　　　　　图 1-2-5　唐代龙岩位置

以上事实说明,初唐时,端砚就得到上层贵族人士的赏识,作为贵重物品使用和馈赠。

## 二、端州黄岗镇——端砚的发祥地

黄岗镇,古称黄岗村,位于肇庆市城区东郊,南临西江,西临羚羊峡斧柯山,背靠北岭山。而在此地段周围数十里山脉,蕴藏着丰富的砚石资源。古代居住在这里的村民凭借其得天独厚的砚石资源优势,发挥聪明才智,以开采砚石、雕刻端砚为生,繁衍生息,历代相传。黄岗镇被人们称之为"端砚的故乡"。（图 1-2-3 至图 1-2-5）

1. 寻坑采石与制作

唐代初期,社会稳定,经济发达,文化繁荣。随着端砚名声远扬全国,文人墨客使用端砚需求量大增,端州黄岗村民纷纷去斧柯山上捡山石或端溪水中的卵石制作端砚。后来山上山下的石头已捡尽,村民又辗转到被誉为砚坑始祖的"屏风背"石坑采石。

屏风背位于斧柯山的山背,山势陡峭,荒无人烟,采石环境极其恶劣,后因多次塌方而湮灭在荒山野岭之中。为了生计,黄岗村民又"自江之湄登山,行三四里,……自上岩转山之背曰龙岩。龙岩,盖唐取砚之所。后下岩得石胜龙岩,龙岩不复取"[15]。（宋代叶樾《端溪砚谱》,图 1-2-6）

在唐代,黄岗村民把采石制砚作为一种职业和生存之道。经过几十年或几代人的艰苦奋斗,有的已经成为当地有实力的家族或工头,他们为了获取更高的利润,不惜用重

[15]《端砚大观》编写组编：《端砚大观》,北京：红旗出版社,2005 年版,第 110 页。

金雇用"洞丁"（本地人对外来人的一种称谓）。少则几人，多则几十人深居斧柯山，每天翻山越岭，攀崖凿洞，寻找砚坑或下坑采石，采挖出一大批石质细腻，带有青花、石眼的佳石制作端砚。

图1-2-6　南北朝三足砚

唐宣宗大中三年（849），江苏丹阳人许浑以监察御史为岭南从事期间，出巡岭南郡途经羚羊峡斧柯山看到黄岗村民开坑采石的场景，感慨不已，他在《岁暮自广江至新兴往复中题峡山寺》诗中写道："洞丁多斫石，蛮女半淘金。"[16] 这是唐代诗人对端州男女青年采石制砚场景最早的记载。

由于砚坑出自深山之中，开采非常艰难，能利用的砚石甚少，经过村民长期采挖，大多古旧砚坑已基本采竭。至南唐时，"旧坑已少，不得已而思其次，遂开新坑"[17]（清代曾兴仁《砚考》）。但从石质看，当时的新坑石与旧坑石相比变化较大，因为早期所开坑口多在表层，石质较粗糙，石色均呈苍灰、青黑，砚石上大多带有黑砂钉或大片网线等。至唐中晚期，由于砚坑不断深挖，采出的砚石质地细腻滋润，石色稳沉、厚重。当然，这是由当时开采条件所决定的。

这一时期，端州黄岗村也出现了不少琢砚名家，如马其祥、马二喏等。据传，马其祥以刻器皿形制而著称，他在砚上刻制的琵琶、胡笳、唢呐、琴式之类的乐器图案，刀法精琢，线条流畅奔放。他刻制的砚台工价比其他工匠要贵一至两倍，用五斗白米才能换到他刻制的一方图案端砚[18]。而马二喏是马其祥的堂兄弟，他刻砚多有铭文，"善于采用楷、篆二体，字迹俊秀刚捷、飘逸洒脱"（《古今砚谱》）。后来他们的后辈子孙均以采石制砚为生，直至宋代还绵延不绝，砚雕工艺在马氏家族中得到良好传承。

岭南端州受五岭阻隔，交通闭塞，商贸滞后。端砚对于中原民众来说还是极为罕见的商品，使用端砚的人更是极少数，它毕竟是皇亲国戚、权臣贵族使用的奢侈品。为了

[16]《端砚大观》编写组编：《端砚大观》，北京：红旗出版社，2005年版，第301页。
[17] 陈日荣编著：《宝砚风华录》，北京：语文出版社，1998年版，第167、168页。
[18] 陈日荣编著：《宝砚风华录》，北京：语文出版社，1998年版，第5、6页。

图 1-2-7　梅关古道

促进南北文化交往与贸易发展，使岭南地区的商品能够快速到达中原，唐开元四年（716）唐玄宗下旨，令大臣张九龄（678—740）督民凿修梅岭驿道。"在官民通力合作下，一条'坦坦而方五轨，阗阗而走四通'的官方驿道很快修成，打通了岭南北上必经粤赣交界的大庾岭古道。"[19]（图 1-2-7）据史料记载，梅关古道又称"梅岭"，是南迁越人首领梅绢修建的。位于江西省大余县与广东省南雄市交界处，长达 15 千米，这条用碎石砌成的千年古道，是通往岭南的唯一通道。梅关古道开通后，端州黄岗大批砚匠及商贩利用这条通道作为商机，去斧柯山开采砚石制作端砚，并通过西江水路运抵广州，"然后北上到雄州，经古道运往岭北"[20]。而南下北上商贩的货物全靠人肩挑背驮，"从大庾岭古道进入江西大折，险峻难行，余后再由章江顺流而下赣江，由赣江向北至鄱阳湖抵长江，进入运河，最后才能到达中原及关中，远可达万里之遥"[21]。商贩们路途中历尽千辛万苦，如遇风雪雨天或山体滑坡，连人带货跌入深谷者不计其数。因此端州商贩在此古道运输一斤一两都不容易。出发前他们只有在家精心挑选优质端砚及砚材，才能踏上这条"死亡"之路。

自从梅关古道打通后，南北贸易来往越发频繁，踏上此道的人越来越多，大批中原仕宦、巨商贾族、文人墨客也由此道迁徙岭南，灿烂的中原文化源源不断地传入南粤。

南北商贸的兴旺，促使端砚产销量激增。端州商贩除了水路运输外还通过陆路把制

[19] 陈羽著：《端砚民俗考》，北京：文物出版社，2010 年版，第 148 页。

[20] 同上。

[21] 陈羽著：《端砚民俗考》，北京：文物出版社，2010 年版，第 149 页。

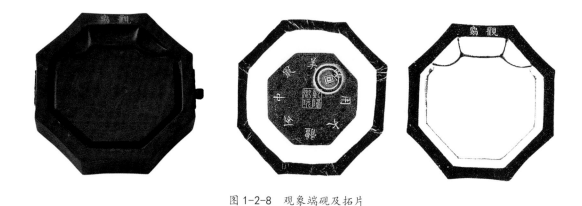

图 1-2-8　观象端砚及拓片

作精美的端砚及农副产品由梅关古道北上，经湘楚，越苏鲁，过豫晋一路销售，最后直入都城长安（今陕西西安）。据考古发现，在端州商贩途径的这些城市考古人员挖掘的墓葬中，均有唐代端砚出土。唐长庆四年（824）李肇《唐国史补》记载了盛唐和中唐端砚流通的兴旺情景："凡货贿之物，侈于用者，不可胜记……内邱白瓷瓯，端溪紫石砚，天下无贵贱通用之。"[22] 可见原来只有帝王将相、高官贵族使用的端砚已进入民间百姓家中，从此端砚名闻天下。

## 三、工艺特点

唐代端砚多承大汉遗风，形制简洁，讲究实用。以箕形砚为代表的唐代砚式，造型轻盈、挺拔，储墨量大，实用性强，砚底尾部呈一字式双足与前端相平，稳重端庄。

唐代中期，箕形砚审美发生变化，其造型砚边出现折痕，砚前端翘起，整体微弧而向内渐斜。砚尾底由一字改为双乳足支撑，与砚前弧背形成三个支点，砚堂由砚尾向砚池深处倾斜。后来，由于考虑研磨时的便利性，于是去掉了箕形砚上琐碎的足并创作出各种形制的平底砚，如八棱形、四足长方形、辟雍形、风字形、立体龟形、正方形、圆形、石渠砚等。形制呈现简洁明快、阳刚劲健之美。（图 1-2-8）

唐代中晚期，砚雕工艺逐步向艺术层面发展。例如，造型向仿生形、艺术化方向发展。在端砚的砚面、砚侧、砚底出现少量的雕刻纹饰，如蟠螭纹、花枝纹、卧蚕纹、流云纹、

[22] 李护暖著：《历代端砚诗赋广辑及注释》，广州：岭南美术出版社，2011 年版，第 33 页。

水纹、龙纹、凤纹、绳结纹、丁字纹、八卦纹、万字纹、圈带纹、鼓钉纹、弯字纹、雷纹、网纹、各种古饕餮纹等。在极少数的砚上还雕刻有各种动物图案，如马、牛、羊、熊、麒麟、双鸾、狮子、鸳鸯、兔、鹿、青蛙、仙鹤、鹰、蛇、虎、龟等。雕琢的动物或奔跑或蹲卧，形神兼备，栩栩如生。雕刻技法多用浅雕、浅浮雕及线刻等。（图 1-2-9）

图 1-2-9　菱镜端砚（正、背及拓片）

# 第三节　宋代端砚

## 一、采石与制作

北宋时期，端砚作为中国书画文化的重要载体，在历代帝王将相及文人墨客的推动下，确定了"四大名砚"之首的历史地位，知名度越来越大，使用端砚者增多，需求量猛增，石料开采制作进入高峰期。

南唐后主李煜于北宋建隆二年（961）继位执政后，在端州专设"砚务"官员，为其搜寻名石佳材，并在斧柯山开采水岩、老岩、下岩旧坑等，为其制作官砚。这一时期，黄岗村民也在斧柯山、羚羊山及上北岭山开采出各种坑口，如斧柯山、古塔岩、梅花坑、飞鼠岩、沙岩、大坑头、东坑、蚌坑、龙尾青、猫尾岩、桃溪坑、虎坑、文殊坑、磨刀坑、蕉白岩、黄坑、典水梅花坑、绿端等；对岸羚羊山上的龙爪岩、后沥坑、七稔根、朝敬岩以及北岭山南坡将军坑、九龙梅花坑、蒲田坑、锦云坑、岭仔坑、蕉园坑、蕉园梅花坑、陈坑、九龙坑、牛耳坑、蟾蜍坑、小湘绿端坑等砚坑，为端砚生产发展提供了资源保障。（图1-3-1）

斧柯山上的老坑、坑仔岩等砚石质地细腻、石品丰富，稀有名贵，为了获得更多更好的砚石，当地官吏私自偷采或以上贡的名义，以数十倍数量征收端砚中饱私囊，黄岗石工怨声不断。据宋代何远《春渚纪闻·记砚》记载，北宋淳化年间（990—994），端州知州冯拯推行"括丁法"，把大批"土人"（北宋神宗时魏泰的称呼）与"洞丁"变为朝廷户籍下的丁口，令他们专职开采老坑。天禧三年（1019）丁谓为相，竟特意安排

图 1-3-1 北岭山砚坑位置图

亲信任端州知州，为他搜刮端砚。[23]

宋代采石技术非常落后，黄岗石工为了生存付出了巨大代价。地方官员为了得到好石，不顾采石工的性命安危，强行让他们进洞挖掘，洞内采石十分艰辛，首先看看古人对坑洞内的描述。据宋代米芾《砚史》记载："穿洞深入，不论四时，皆患水浸。治平中贡砚，取水月余，方及石。"[24]宋代叶樾《端溪砚谱》又载："岩之北壁石背，皆为泉水所浸，弥漫涌溢，下流为溪，岩之中岁久崩摧，石屑翳塞，积水屈曲浅深，人所莫测。以是石工不复能采矣……今欲得下岩北壁石者，往往于泉水石屑中得之……北壁石，盖泉生其中，非石生泉中也。"[25]由于坑洞狭小，四周岩壁坚硬，采石工只能赤身裸体匍匐进出，洞内用火把照明，到坑底，地下及山隙间不断溢水，每隔三数尺坐一人，先用水罐掏水排水，然后一边开凿一边把凿下的砚石逐人逐个向洞外传递。采作时，头顶上大小石块不时滚落，险象环生，如遭遇岩壁崩陷，还会造成大量石工伤亡事故。"宋代治平四年（1067），差太监魏某重开，土人名曰岩仔坑……旁有冢，相传其时开凿，中虚，崩闭数百十人，太监死焉，守土者葬其冠服于此。"[26]宋代康定元年（1040）包拯知端州时，下令减少贡砚数量，"当时规定贡砚数为每年五个"[27]。神宗熙宁年间（1068—1077）"杜谌知端州，禁民毋得采石，而杜独占之"[28]。此事引起当地村民强

[23] 肇庆市端州区地方志编纂委员会编：《肇庆市志》，广州：广东人民出版社，1996年版，第929页。
[24]《端砚大观》编写组编：《端砚大观》，北京：红旗出版社，2005年版，第275页。
[25]《端砚大观》编写组编：《端砚大观》，北京：红旗出版社，2005年版，第105页。
[26]《端砚大观》编写组编：《端砚大观》，北京：红旗出版社，2005年版，第158页。
[27] 肇庆市端州区地方志编纂委员会编：《肇庆市志》，广州：广东人民出版社，1996年版，第929页。
[28]《端砚大观》编写组编：《端砚大观》，北京：红旗出版社，2005年版，第246页。

烈不满。后来，哲学家周敦颐任广东转运判官兼提点刑狱，发觉"端守杜谘，取砚无餍，人号为杜万石。廉得之，恶其夺民利，因请著令，凡仕于端者，买砚无过二枚，端人甚德之"[29]（万历《肇庆府志》）。

宋代元符三年（1100）端王赵佶登基执政，是为宋徽宗，明确昭示"士大夫治天下"。这一治国方针的推行，使全国文化艺术得到巩固和发扬。本着他对书画艺术和对端州的特殊情感，宋代建中靖国元年（1101）下旨开采"下岩"。据明代著名学者沈德符考证，"自宋徽宗，穷全盛物力，采贡以进"[30]。同年，北宋文豪苏轼途径端州斧柯山时看到的却是"千夫挽绠，百夫运斤，篝火下缒，以出斯珍"[31]的恢宏场景，一大批下岩优质砚石被挖掘出来进贡到朝廷。这些砚石色泽紫红，质地细腻幼嫩、坚实滋润。石品花纹丰富，有鱼脑冻、冰纹、冰纹冻、金银线、火捺、玫瑰紫、蕉叶白、天青、石眼等。其后"下岩既深，工人所费多，砚直不补，故力无能取，近年无复有"[32]。至崇宁大观年间（1102—1110）以后，下岩石已变得非常少见了。淳熙年间（1174—1189）绍兴通判官周去非移官桂林，途径西江斧柯山看到石工采石之场景后百感交集，他在《岭外代答·卷六》中写道："人之深入也，自窍日迭木为小级道，委蛇曲折，入于黄泉。以数百人高下排比，以大竹筒传水，以干其洞。然后续膏烛幽，而施锥凿。其得之也，可以为难矣，是宜宝之。"[33]

南宋时期，由于战乱，大批中原人经南雄珠玑巷迁居肇庆，强化了肇庆"土人"的中原文化成分。他们在肇庆从事农耕、手工业和商业贩运销售等。在迁徙的人群当中，不少人拥有玉雕、石雕、木雕、砖雕等手艺，于是也加入当地的采石、制砚行业，并对采石、制砚工具及砚雕技艺创新改良，端砚生产效益大幅提高。以采石、制砚为主的手工业逐步从农业中分离出来，民间作坊及个体手工专业户大量出现，他们勇于开拓创新，吃苦耐劳，并涌现出一大批制作端砚、开采砚石和制作石凳、石碑、石屏风以及

[29] 肇庆市端州区地方志编纂委员会编：《肇庆市志》，广州：广东人民出版社，1996年版，第930页。
[30] 肇庆市端州区地方志编纂委员会编：《肇庆市志》，广州：广东人民出版社，1996年版，第931页。
[31] 《端砚大观》编写组编：《端砚大观》，北京：红旗出版社，2005年版，第312页。
[32] 肇庆市端州区地方志编纂委员会编：《肇庆市志》，广州：广东人民出版社，1996年版，第930页。
[33] 肇庆市端州区地方志编纂委员会编：《肇庆市志》，广州：广东人民出版社，1996年版，第798页。

图 1-3-2　石槽

图 1-3-3　石盆

图 1-3-4　石墩

观音像等多种手工艺制品的家族和专业户。大量优质端砚及石制工艺品进入贸易市场批发零售，其规模及质量正如宋代太平老人著《袖中锦》中所载："契丹鞍与定瓷、蜀锦、端砚齐名，称为天下第一"[34]，"端州也成为全国两大主要产砚区之一"[35]，"黄岗村逐渐发展成为一个以采石、制作、销售端砚及石制手工艺品为主的手工业村落"[36]。（图 1-3-2 至图 1-3-4）

在宋代三百余年中，端砚制作以及石制工艺品的繁荣发展，也造就出一大批专职琢砚的名师、名家，最具代表的是下黄岗白石村（旧称东厢乡二图九甲）梁奕南、黄士柏、罗仑球等人。制砚名家梁奕南以刻动物、飞天著称。他的"一月十三日喜砚"最为著名，砚台上刻一正圆月亮，流云清漾，月下梅花干枝横斜，聚集着十三只喜鹊，姿态各异，栩栩如生。（《古今砚谱》）黄士柏善于"因石构图，因材施艺"，巧妙运用砚石上的石眼琢成凤凰、孔雀及瑞兽的眼睛或骊龙火珠等，构图简练，造型优美，雕工精致细腻，北宋南渡以后，其技艺在当地首屈一指。[37]

[34] 田自秉著：《中国工艺美术史》，上海：东方出版中心，1985 年版，228 页。

[35] 肇庆市端州区地方志编纂委员会编：《肇庆市志》，广州：广东人民出版社，1996 年版，第 126 页。

[36] 陈羽著：《端砚民俗考》，北京：文物出版社，2010 年版，第 151 页。

[37] 陈日荣编著：《宝砚风华录》，北京：语文出版社，1998 年版，第 7 页。

## 二、工艺创新和特色

宋人倡导人文性、创新性，讲究直、挺、立等主观意识。从美学角度看，如果说唐代端砚简洁、精巧，那么宋代端砚则显得优雅、严谨、含蓄。"抄手砚"又称"太史砚"，是宋代砚式的经典代表，原由唐代箕形砚（风字形）等砚式演变而来，其外形规整简洁，四周轮廓刚硬，角线挺直，线条在变化中挺拔有力。底部挖空，三面笙裙（即砚侧上下垂直），大方自如。尤其是砚堂宽阔，砚池深凹，储墨量大，实用性强，整体呈现出一种深厚、端庄大气之美，深刻反映出宋代上层名流外刚内柔、直率大度的性格和气魄。（图1-3-5）

宋代端砚在宋徽宗等上层名流及文人墨客的极力推崇下，砚雕工艺得到进一步发展，在创作中融历史、文学、绘画、书法、篆刻、雕塑等于一体，形成了特有的宋砚艺术特色。主要体现在以下两方面：

图1-3-5　宋代梅花坑抄手端砚（正、背）

1. 形制、题材、纹饰丰富多样

宋代端砚在造型上虽承前代之制，但更有创新之举。古人在创作中，把玉、砖、石、陶瓷、象牙雕等多种工艺巧妙融入端砚雕刻中，一改前人"多足辟雍形""双足箕"等单一形制。并且形制尺度不断加大、加宽、加厚，造型更端庄、丰满、厚重。后来"得美石则令名匠就其石之形似……因其材而制之"（《古砚制名考》）。从此，端砚便产生了各种仿生动物类、山水日月类、风云人物类、仿器物类等形制。据宋代叶樾《端溪砚谱》载，宋砚之形制达50余种，如平底风字、三脚风字、垂裙风字、古样、凤池、四直、双锦四直、合欢四直、箕样、斧样、瓜样、卵样、人面、壁样、莲样、荷叶样、仙桃样、瓢样、鼎样、玉台、天研、蟾样、龟样、曲水、钟样、圭样、笋样、琴样、鏊样、双鱼、团样、八棱角柄秉砚、八棱秉砚、砚板、房相样、琵琶样、月样、腰鼓、马蹄、月池、阮样、竹节样、吕样、琴足风字、蓬莱样，以及单打、辟雍、神斧、太史、兰亭走水、石渠及平板砚形等，充分体现了宋人制砚的创新精神和高超的砚雕技艺及审美观。

宋代中晚期，端砚雕刻技艺在创新中得到进一步提高，尤其是砚台的长度、高度和宽度比唐代的砚要厚重。宽敞的砚面、砚侧、砚底以及绚丽多彩的石品花纹，给创作者提供了广阔的空间和丰富的想象力。砚匠根据砚石的大小、厚薄、石品、石色、石质等特点，采用不同的题材、技法，雕刻人物山水、祥禽瑞兽、日月星辰、花鸟鱼虫、宗教典故、仿古器物等纹饰，可谓"因石构图，因材施艺"，以提升端砚的文化内涵和艺术欣赏性，如各种形制的"兰亭砚""蓬莱砚""海天砚"等都是宋代砚雕艺术中的代表作。据清代钦定《西清砚谱》记载，宋代薛绍彭雕绿端石"兰亭砚"，呈椭圆形，砚通体以东晋王羲之等41人兰亭修禊场景为题材，雕刻山水美景，砚面精雕亭台楼阁，阁内书圣临案作书，旁有童子或捧卷或研墨，阁外翠竹摇曳，圆月渐上梢头。砚面下方凿环形小溪作砚池，取流觞曲水之意。溪上数桥横架，环溪之内为砚堂，砚四周侧雕兰亭集会诸雅士饮酒赋诗之场景，人物神态栩栩如生，砚背刻波浪流云，中间为蕉叶白镌王羲之楷书《兰亭集序》全文。字迹流畅，刀法利索，开创了绘画与书法艺术融为一体的砚雕艺术先河。（图1-3-6）

浅雕、浅浮雕及线刻是宋代端砚常用的艺术表现手法，也是宋代砚雕艺术的一大特

图 1-3-6　《四库全书》所录宋薛绍彭兰亭砚（正、背）

色。比如，在各种形制砚台的砚额、砚池、砚侧或砚背雕刻有梅、兰、菊、竹、豆叶纹、牡丹纹、山茶花纹、荷叶纹、太极图纹、莲瓣纹、几何纹、鸳鸯纹、屐形纹，以及饕餮、夔龙、蛟龙、麒麟、凤、海马、牛、羊、龟、鹿等吉祥动物图案。必要时还要根据题材及审美需要，适当穿插祥云纹、水波纹、回纹、万字纹、绳纹等。用浅刀及线刻技法加以点缀，使画面纹饰粗中有细、深浅交融、疏密有致、突出主题。有时还巧妙利用老坑、坑仔岩、梅花坑、宋坑等砚石上石眼的特点，作为鸟兽的眼睛，或为日月星辰，或设计浅雕线刻等动植物类题材，以强化端砚艺术的美感，充分突出宋代砚雕艺术的特色和风格。御府降样制作，反映了宋代端砚雕刻艺术的繁荣发展与宋徽宗的极力推崇是分不开的。端州曾是宋徽宗的封地，他对端州有很深的情缘，而他对端砚的痴迷，更是无人能及。相传，他每在书房写字画画必用端砚。"肇庆府"三字就是他登基后用端砚研墨所写。

　　为了扩大端砚的影响力，满足朝廷庞大的端砚需求，他下令成立书画院，"御府每年从全国各地挑选百余名砚雕匠师入御府内制作端砚"[38] "除内府所藏，自亲王大珰，及两府侍从以下，俱得沾赐"[39]。端砚制作规模之大，使用数量之多，历朝历代前所未有。

---

[38] 骆礼刚著：《西江日报（砚玉街）》，2014 年版，第 8 版。
[39] 肇庆市端州区地方志编纂委员会编：《肇庆市志》，广州：广东人民出版社，1996 版，第 930 页。

图 1-3-7　《四库全书》所录宋代宣和风字暖砚（正、背）

如是肇庆府上贡朝廷的名坑佳石，宋徽宗必亲自设计、选题、审稿，然后交由御府工匠制作，并监督制作过程。据宋代叶樾《端溪砚谱》载："宣和初，御府降样造形，若风字，如凤池样，但平底耳。有四环，刻海水、鱼龙、三神山水、池作昆仑状。左日右月，星斗罗列，以供太上皇书府之用。"[40] 可见皇宫中使用的端砚，其式样设计多来自"御府"，砚匠则按照图样制作，创作了大量传世名作，如收藏于台北故宫博物院的"宋代宣和海珠砚""宋代宣和洗象砚""宋代宣和风字暖砚""宋代宣和八卦十二辰砚""宋代宣和八柱砚"等。

据《宋史》记载，"在宋徽宗时代的御府中，贮藏的端砚多达数千枚"[41]，还有"出自宣和御府或宋徽宗之手的端砚设计稿。"[42] 这些"御府"之作，形制古朴、厚重，雕刻简繁有序，实用性强，体现了宋徽宗对端砚艺术的炽爱和审美追求。（图 1-3-7）

2. 文人雅士参与创作

两宋时期文采风流，金石学盛行，文人士大夫爱砚如痴，以米芾、苏轼、欧阳修、王安石等为代表的一大批文化学者也参与到端砚创作中来。他们崇尚"天然之源""天

[40]《端砚大观》编写组编：《端砚大观》，北京：红旗出版社，2005 年版，第 113 页。

[41] 肇庆市端州区地方志编纂委员会编：《肇庆市志》，广州：广东人民出版社，1996 版，第 930 页。

[42] 骆礼刚著：《西江日报（砚玉街）》，2014 年版，第 8 版。

人合一"的砚学理念，在创作中从不刻意追求砚石方正、规矩的完美，而是根据砚石的自然形态或砚石的残缺和天然纹理，"因材施艺"，凸显"自然韵味"，使砚台具有清新脱俗、意境深远之美感，砚体中浸透着一股浓郁的书香气。

所谓文人砚，又称"天然砚"，其实就是用一块天然端溪原石，稍加修整边缘，再用刻刀雕琢出砚池砚堂而成。文人砚原只是宋代文人士大夫之间相互交流与欣赏的一种把玩砚，但由于石质细腻幼嫩，制作简单，使用方便，天然成趣，并且是出于文人雅士之手，在当时曾引起热捧，并成为宋代端砚发展史上的一大特征。（图1-3-8）

端砚的优良品质和精湛的砚雕工艺，令宋代文人士大夫、鉴赏收藏家们激情澎湃。他们虽然不参与创作，但对端砚有深入的研究，常通过各种砚评、论述、纪实及诗、词、歌、赋对端砚的石质、石品、形制、题材、雕刻、技法等加以赞美。如宋孝宗赵昚（1127—1194）在《题端砚》诗中称赞端砚："皆一段紫玉，略无点缀。呵之即泽，研试则如磨玉而无声。"[43]诗人张九成赞曰："端溪古砚天下奇，紫光夜半吐虹霓。不同凡石追时好，要与日月争光辉。"[44]刘克庄在题《获端溪砚》诗中也写道："二砚温如玉琢成，信知天地有精英。马肝紫润尤宜沐，鸲眼青圆宛似生。"[45]（图1-3-9）

图1-3-8　宋代天趣砚（正、背）

[43]《端砚大观》编写组编：《端砚大观》，北京：红旗出版社，2005年版，第326页。

[44]《端砚大观》编写组编：《端砚大观》，北京：红旗出版社，2005年版，第325页。

[45]《端砚大观》编写组编：《端砚大观》，北京：红旗出版社，2005年版，第327页。

图 1-3-9　历史画《苏轼端砚题诗》（周一萍绘）

　　宋代文人墨客为了真实反映端砚文化，跋山涉水，亲临端溪砚坑，体验开采砚石之艰辛，并详细记述端砚坑别、采石制砚以及端砚的使用、鉴别、收藏等过程，写下了大量专著论述。如苏易简《文房四谱·砚谱》、米芾《砚史》、唐询《砚录》、欧阳修《砚谱》、叶樾《端溪砚谱》、赵希鹄《洞天清录》、高似孙《砚笺》、李之彦《砚谱》等，为端砚创作和工艺传承提供了丰富而宝贵的资料。

# 第四节　元代端砚

1271 年，忽必烈定国号为"元"，建立了少数民族政权。其崇尚强悍、英武的贵族统治者的生活习俗以及粗犷、豪放、刚强的性格，也自然流露于元代的工艺美术作品中，并形成了独特的艺术风格。（图 1-4-1）

在近百年的统治期间，端砚艺术受蒙古文化及北方游牧民俗的影响较深，雕刻工艺凸显出粗犷、雄健、大胆夸张的个性。其造型规整，硕大厚重，多见圆形、椭圆形、长方形、

图 1-4-1　元代长方形四足砚

正方形、抄手形、斧形等，随形砚式样较少。雕刻技法主要有通雕、深雕、浅雕及浅浮雕。砚雕纹饰主要有云纹、龙纹、凤纹、海浪纹、兽面纹、仙山云海纹、如意纹、海棠纹、牡丹纹、缠枝纹、荷叶纹、灵芝纹、云蝠纹、梅、兰、竹、菊、莲花、番莲、团菊、牡丹、蘑菇、葡萄、灵芝、枇杷、鸳鸯、仙桃等。其中，尤以龙纹及祥云纹手法极其夸张，大写意韵味极浓，其工艺的最大特点是在砚额上深雕人物以及鹿、猪、龟、牛、马、兔、狮子、羊、豹、蝉、麒麟、蟾蜍、虎等各种动物。人物神态生动有趣，动物形态栩栩如生、立体感强。

由于元代社会政治、经济的衰退，汉文化艺术未能得到上层统治者的重视，加之元代停止了科举考试（直至元仁宋延祐年间才恢复），更使读书人前途无望，因而端砚产销两旺的景象不在，再加上朝廷对砚坑实行长期禁封，导致端州采石制砚工匠失业。从此，进入流动领域的端砚数量锐减，能留传于世的佳石名砚更是稀少。（图1-4-2）

图1-4-2　四足双狮人物端砚

# 第五节　明代端砚

## 一、开坑与制作

端砚于宋代确立了"四大名砚"之首的地位后，更是受到明代上层贵族及文人学士的推崇与追捧。每年朝廷赏功会上，帝王都以端砚赏赐大臣及宾客。随着端砚使用量加大，朝廷对端溪水一带的老坑（皇岩）坑仔岩等名坑加强了管控，"水岩逐渐成皇家专用之坑"[46]。每需开采均有皇帝下诏书，专派差使前往肇庆，并在斧柯山上建庙驻扎，监督开坑封坑，对开坑时间、人员身份、砚石上贡数量等记录在册。如明宣德六年（1431）重开水岩时石碑上曾有一段记载："为公务事奉（缺）差往广东等处采取端溪等石，钦遵督同广东都布□司委官千户□成，知事刘铭，提调官肇庆卫府指挥使栗友，同知王瑛，知府王鋈，推官萧宗成……府州县委官河泊所官萧昉，主簿谢恭，巡检张斌……同于宣德六年十月初三日，开岩采取砚石……大者长不过一尺四寸，中者长不过一尺二寸八分，小者长不过□□分，并不及尺寸者有之，工程浩大，百中无一，采取艰难，遂于本年夏四月二十二日完备住工进讫，刻石以为记云。宣德七年（1432）壬子夏四月日。"[47]从以上碑文可看出，水岩老坑洞有官府把控，其开采难度和出石量更是难以想象。

据清代钱朝鼎《水坑石记》载，水岩始开于成化年间（1465—1487）。民间相传，

[46] 肇庆市端州区地方志编纂委员会编：《肇庆市志》，广州：广东人民出版社，1996年版，第931页。
[47] 《端砚大观》编写组编：《端砚大观》，北京：红旗出版社，2005年版，第276、277页。

水岩为砚工杨阿水所发现，杨阿水为下黄岗宾日村人，今黄岗宾日村有端砚祖师堂祀之。[48]

明代万历十六年（1588），据该年成书的《肇庆府志》载："国朝永乐、宣德中，曾遣内侍采取（砚石）费不啻百千。所获琐碎，罔适于用，乃竟封塞，以至于今。"[49]万历二十八年（1600）朝廷又奉诏由"太监李敬再开水岩。由该年七月十七日开坑，至次年正月二十八日封坑，历时六个多月。（有石刻）其后即厉行封禁"[50]。官设"把总一员，专辖守坑，律令盗坑石比窃盗论，其厉禁如此"[51]。（清代高兆《端溪砚石考》）

黄岗石工在水岩洞内采石的环境十分恶劣、险象环生。据清代高兆《端溪砚石考》载："三洞俱水中，冬日引水尽，乃可取。正洞北潭底水深不可引，时有鬼神。东洞径倾仄，水工列小童长跪举杯勺扬水，水乃涸。以故开坑先引水阅月，费金钱至累千金。"[52]又"石工裸身，盘盛豨膏，燃火，腰锤螺旋而进。入洞西转，有渊不测，先投以后，闻水声，急转西折，不则堕深渊矣。正洞容工一二十人，由正洞入西洞，西洞渐宽。东洞旧纳四人，二人运凿，二人仰卧，膝前置磁盘灯于胸以烛之，不能坐立捧。今容七锤，且十四人矣。"[53]由于开采水岩极其困难，出石少、费用大，于万历三十四年（1606）朝廷下令封闭砚坑。[54]（清代高兆《端溪砚石考》）

明崇祯五年（1632），"水岩解禁，并大规模开采"[55]。从此，端溪水岩（老坑）断断续续开坑封坑数十次。在长达百余年的时间里，虽然朝廷对开坑采石严格把控，但总阻拦不住贪官及当地村民冒生死之大忌去偷采。据清代高兆《端溪砚石考》载："永乐、宣德间，开坑未几，俱罢，去崇祯末，蜀人熊文灿总督两广日，指挥苏万邦致石工于江西，缊火中夜开坑，不敢白日中也。丁亥后，守禁罢，至今凡六开。坑工受官役日，有程不择肤理，凿伐拆裂。宋元明五百余年，未闻也。大抵石理日剥，精华日尽。"[56]水岩坑石遭到严重破坏。

[48] 肇庆市端州区地方志编纂委员会编：《肇庆市志》，广州：广东人民出版社，1996年版，第930页。

[49] 同上。

[50] 肇庆市端州区地方志编纂委员会编：《肇庆市志》，广州：广东人民出版社，1996年版，第930、931页。

[51] 肇庆市端州区地方志编纂委员会编：《肇庆市志》，广州：广东人民出版社，1996年版，第931页。

[52] 肇庆市端州区地方志编纂委员会编：《肇庆市志》，广州：广东人民出版社，1996年版，第813页。

[53] 同上。

[54] 中共肇庆市委宣传部，肇庆市文化广电新闻出版局编：《肇庆文化遗产》，广州：南方日报出版社，2009年版，第400页。

[55] 肇庆市端州区地方志编纂委员会编：《肇庆市志》，广州：广东人民出版社，1996年版，第931页。

[56] 肇庆市端州区地方志编纂委员会编：《肇庆市志》，广州：广东人民出版社，1996年版，第813页。

图 1-5-1　明代洛神端砚及拓片

　　这一时期，除老坑、坑仔岩由官方控制开采外，宣德岩、朝天岩、青蛇岩、白坭坑、有冻坑、后历坑、唐窦坑、梅花坑、黄坑以及北岭山的小湘绿端、各种宋坑等也被黄岗石工发现并开采。（图 1-5-1）

　　丰富的砚石资源和社会需求增加，使端砚生产规模逐步扩大。尤其是中原及广西等地迁移来黄岗的能工巧匠也投身端砚生产，家家户户从事制砚及石制工艺品生产，呈现出一片繁荣景象。明代崇祯年间（1628—1644），肇庆知府陆鳌在《黄冈（岗）即事》中记录了当时的场景："黄冈（岗）在羚羊峡西，村人以采岩石为业，凡五百余家，琢紫石者半，白石者半。"[57] 又："紫石以制砚，白石以作屏风、几案、盘盂诸物。"[58] 传承式的制作也涌现出一大批琢砚名家，最有名气的是黄岗白石村罗发、罗澄谦两人。罗澄谦的代表作有"《西厢记》的'借厢''听琴''酬东'等，人物精美、毫发毕现。"[59] 当时有诗称赞："君子不见端州澄谦刻石砚，毫发须眉皓如月。"[60] 而罗发则擅长刻镂空山水，轻刀浅雕，"把宋代马远的斧劈皴、米南宫的大米点刻得毕肖传神"[61]。黄岗村民以石谋生的方式，历经数百年从未改变，端砚技艺也因此得到更好的传承和发展。（图 1-5-2）

[57] 陈羽著：《端砚民俗考》，北京：文物出版社，2010 年版，第 40 页。

[58] 肇庆市端州区地方志编纂委员会编：《肇庆市端州区志》，北京：方志出版社，2012 年版，第 1036 页。

[59] 陈日荣编著：《宝砚风华录》，北京：语文出版社，1998 年版，第 7 页。

[60] 同上。

[61] 同上。

图 1-5-2　明代鎏金双虎端砚

## 二、制作工艺特点

　　明代初期，随着全国工艺美术和书画艺术的兴起，汉族传统文化在文人士大夫"追慕汉唐，光复旧制"的观念得到复苏。使用端砚的需求量增大，端砚工艺及艺术审美也得到提升。在端砚造型上，延续了宋、元时期"规矩挺直"的遗风，形制趋向宽敞浑厚，大开大合，砚堂宽阔墨池深凹，砚边线条锐挺，给人一种"宋砚有线，明代无边"的感觉。如传统的抄手、风字、蝉形、井田、石渠、长方、长方四足、正方形等。后来，端砚制作极其强调自我个性，追求"直抒胸襟，自然活泼"的造型特色，各种随形及动物形制砚不断出现，如八棱形、蕉叶形、竹节形、鱼形、螺蚌形、佛手形、斧形、钱币形、瓜果形、古琴形、砚板、圭形、日月形、梯形、荷叶形以及牛、马、羊、兔、鸡、鸭、双鱼、鹅、蟾蜍、龟、螃蟹等。宣德时期，黄岗砚匠受木、石、玉、砖雕、象牙及陶瓷等工艺的影响，砚雕师创作秉持"风韵雅致"的审美理念，巧妙利用端石上独有的石质鱼脑冻、火捺、青花、蕉叶白、石眼等天然石品花纹，匠心设计构思，使雕刻题材及纹饰丰富多样。主要有：花鸟鱼虫、飞禽走兽、人物山水、亭台楼阁、龙纹、海马、狮子、鱼藻莲

图 1-5-3　蓬莱胜景砚（柳新祥端砚艺术馆藏）

荷、蔓草、龟背锦、梅雀、松鹤、麒麟、云龙、云凤、八宝、饕餮纹、回纹、如意、云蝠、棉豆、瓜果、仙桃、灵芝、秋叶、花卉等；有表现寓意吉祥、喜庆、贺寿、引福镇邪的，有表现高贵、崇尚、忠贞气节的，还有反映宗教佛事、神话传奇人物故事的。

　　在雕刻表现手法上，明代砚雕纹饰大多以浅雕、浅浮雕及线刻为主。如中国制砚大师柳新祥创作的仿明代绿端石"蓬莱胜境砚"，砚体呈长方形，砚面砚堂四边以及砚侧用浅浮雕和线刻技法雕宫殿、祥云、蛟龙、海水，砚背浮雕龙戏水图案，龙凤纹见首不见尾，隐约出现在云海之上，或穿插在波浪之中，以惊涛骇浪作底纹，阴刻线条，简练明快，运刀苍劲圆浑，有呼之欲出之状。端砚整体刀法考究、洗练简洁，形象刻画生动精细。（图 1-5-3）

　　但在创作中还采用穿插一些通雕、镂空雕、深雕或半深雕技法，以凸显局部画面的艺术效果。

　　明代中晚期，金石篆刻之风盛行，许多收藏家、鉴赏家、史学家以及文人雅士们，把金石篆刻艺术运用到端砚创作中。在端砚底部或砚侧镌刻砚铭、咏诗、题识等，以抒

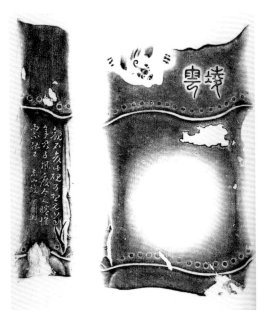

图1-5-4　明代曹学佺铭刻凌云砚拓片（正、背）

发自己丰富的情感，如刻铭于端砚者首推书法家徐渭，有铭文六则。名人祝允明、陈白沙、毛晋等亦留下砚铭，他们的铭文短小精悍，生动有趣，或咏物叙事，或警语寓意，或评石论砚，或馈赠、言情。篆、行、草、隶、楷，风格多变，把端砚雕刻与诗赋、绘画、书法、金石篆刻等艺术熔为一炉，成为既能使用又可欣赏、收藏的砚雕艺术品。端庄厚重、典雅精致、舒展大方的艺术特点和精湛的雕刻技艺，成为明代端砚雕刻艺术中的一大特征。（图1-5-4）

# 第六节　清代端砚

## 一、端砚生产与发展

### 1. 砚坑全面开采

明末清初，端砚不断向中原地区推广。为了满足需要，清代官府逐步解除了开坑禁令。其中包括贡砚专坑——老坑。"凡坑，但砚肆有力者，即可募工开采，不请于官。"[62]（清代李兆洛《端溪砚坑记》）从此，砚坑开采进入第二次大规模开采高峰期，大量优质砚石问世。但由于老坑、坑仔岩等开采艰难，需要花费大量的人力、物力，特别是老坑"近今例禁久弛，石宜易得，但患水深，费桔槔之金甚巨，得石数枚，难必俱佳。虽好之者，亦惮焉莫采，故不禁而禁"[63]（清代吴兰修《端溪砚史》）。即使开采，也非一般村民能力所及。"老坑则必制府抚军主之乃开。麻子坑则知县得主之。"[64]（清代李兆洛《端溪砚坑记》）民间可在斧柯山山脉自行开采砚坑有：坑仔岩、宣德岩、桃溪坑、砂皮洞坑、猫尾坑、绿端、古塔岩、黄蚓矢岩、藤菜花岩、黎木根岩、白蚁洞岩、屏风岩、打木棉岩、茶园坑、龙尾青虎岩、文殊岩、大坑头、蚌坑、沙浦大西洞、虎尾坑、二格青、仿麻子坑、磨刀坑、蕉白岩、玉女岩、典水梅花坑、苏坑、猪姆石等三十余种。

北岭山山脉之古砚坑有：文锦坑、锦云坑、岭仔岩、有眼宋坑、彩带宋坑、新坑、

---

[62]《端砚大观》编写组编：《端砚大观》，北京：红旗出版社，2005年版，第233页。

[63] 陈羽著：《端砚民俗考》，北京：文物出版社，2010年版，第41页。

[64]《端砚大观》编写组编：《端砚大观》，北京：红旗出版社，2005年版，第233页。

梅花坑、北岭白线岩、一片红、黄坑、伍坑、蒯村宋坑、北岭绿端、陈坑、九龙坑、牛耳坑、蟾蜍坑、将军坑、竹篙岭宋坑、新坑盘古坑、小湘坑、小湘绿端、蒲田坑等。

据史料记载，仅斧柯山山脉"自宋代至明代，古砚坑有70多个"[65]。从砚坑的开采量看，斧柯山的老坑、坑仔岩、麻子坑因开采极其困难，并需要花大量的人力、物力、财力，况且采出的佳石极少。而北岭山南坡的各种梅花坑、宋坑、绿端石，分布地域广，易开采，利用率高，它占当时端砚石总量的八成多，成为当时黄岗村民制砚的主要资源，满足了端砚市场的需求。

开采老坑极其困难，而且每次开采都有塌方和采石工伤亡事故发生。据清代记载，在清朝统治近三百年的时间里，仅石工所开采的三大名坑（老坑、坑仔岩、麻子坑）伤亡人数就达千余人，正如清代诗人方勿庵诗云："端州砚出端溪水，匠人入水伐山髓。蛇行匍伏含牙间，性命轻捐毫发比。"[66]可谓"每片端石都印有采石工的血迹"。下面从古代著述中摘录几段黄岗村民开坑采石时的场景。

（1）清代曹溶《砚录》载："入洞，又复下行数十步，蛇蟠蚓曲，达于采石之中。空如一间屋者，每丈许留石柱拄之。如是者凡三四处。盖自唐以来，积工劂凿之所致也。空处皆受水，四时盈而不涸。盖地势洼下，山外雨淹，既输其中……虽微雨，潦水亦自满。春夏秋三时，山足皆水，不见涯涘。开山者秋尽冬初，募人累数百人，操一瓢，林立如贯鱼，舀水瓢中，递出之人足不移，而水潜去，费莫大于此。水既去，以枯蒿藉足，燃脂油之灯，使烟不灼目，仰而凿石。人日一方石，皆圆纵横之理。有小白脉可察，因而凿之。凡石十方之内，中材者不二三；中材五十方之内品贵者不二三；品贵百方之内有眼者不二三；有眼十方之内，方圆五六寸，可制为砚者不二三。盖格愈上则病愈多。夏后之璜不能无考，求其纯粹缜细，一片紫玉，难之又难，百金不易与也。"[67]（图1-6-1）

（2）清代李兆洛《端溪砚坑记》载："凡砚坑，不论在山顶山下，其中无不有水，故取石必去水。又洞中虽冬月亦暖，故入洞者无不裸体。洞中无不黑暗，故入采者无不持灯。灯在洞中，气无所泄，煤烟皆著人体，故采石而出者，下身沾黄泥，上身受煤烟，

[65] 陈日荣编著：《宝砚风华录》，北京：语文出版社，1998年版，第20页。

[66] 柳新祥著：《中国名砚·端砚》，长沙：湖南美术出版社，2010年版，第9页。

[67]《端砚大观》编写组编：《端砚大观》，北京：红旗出版社，2005年版，第146页。

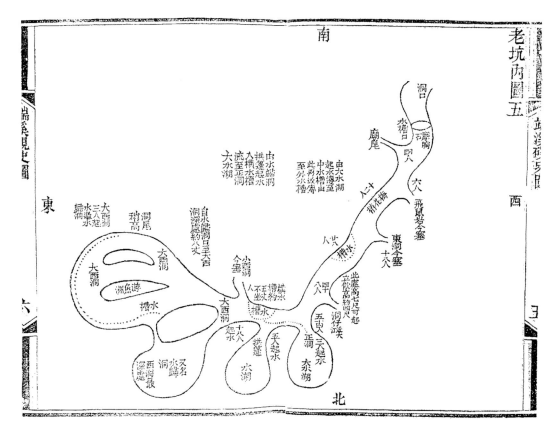

图 1-6-1　《端溪砚史图》之《老坑内图五》

无不剥驳如鬼。凡采石者，先雇工搭篷厂，储粮食，备水罐，蓄油火。工之价，日率百文，食日一升。先入洞，运水出之。水涸，乃采石。麻子坑涸水不过三五日，故开采工费十余金即足。老坑须一月，昼夜轮班而作，须役二百余人，故涸水之费以需千金。若采石两三月，则其费又倍之矣。所采之石，每日以朱别之，聚于一所，而严守之。所得之石不分美恶，皆以日计，主工者得七日，工人得三日。工既毕，坑既封，乃为筹而分之。"[68]

（3）清代梅山周氏《砚坑志》载：老坑（水岩）"洞高不逾三四尺，阔如之，自宋开采至今。自高而卑，其深约二里许。洞中之水，屈曲渊渟。采石者必先集黄冈石工，自洞口鱼贯而入，列坐其间，置灯于洞之两旁，以瓮汲水，次第传出。水渐落，而工与灯亦渐加。若汲至底，必须工三百辈，昼夜更番，阅月乃竭。水竭而后采石……水岩之内分四洞，匍匐而入，不得昂首直腰。至五六丈为正洞，又名为大西洞。从正洞又转

[68]《端砚大观》编写组编：《端砚大观》，北京：红旗出版社，2005 年版，第 232、233 页。

六七丈为小西洞，其门最小故也。从其旁入为中洞。又从正洞左转十余丈为东洞。东洞之北即飞鼠岩……每洞可容三四槌，或多六七槌，余工仍转瓮递汲，否则水渐聚而槌无所施矣。"[69]

（4）清代朱彝尊《说砚》载："自水口北行三十步，有穴，窥之止容一人，俯伏扪而入。积水灌其中。凡取石，必先以瓢汲水，自内而外，若传杯然。水涸，熬豚膏燃纸为灯，由穴而入。中渐广，分三途，穿洞半里，抵岩壁。岩高三丈，上下皆刓石，不可凿也。凿石之工，多黄冈村民，日役不过四十人。坐卧偃侧其内。得石，自内传乎外，一如汲水法。"[70]

（5）清代屈大均，广东番禺人，"岭南三大家"之一。著有《广东新语》二十八卷，述广东事物，无所不包。他亲临肇庆考察，并多次深入砚坑与黄岗采石工日食夜宿数月，体验采石生活。其《石语》卷中，对开采砚石的描述与洞内石层、石品分类以及端砚的辨别等写得十分精微生动，犹如一幅画面展现在眼前："羚羊峡口之东有一溪。溪长一里许，广不盈丈，其名端溪。自溪口北行三十步，一穴在山下，高三尺许，乃水岩口也。匍匐而入，至五六丈为正坑。从正坑右转数丈为西坑，坑门最小。从其旁入为中坑。从正坑左转十余丈为东坑。东坑外即大江矣。坑中水渊停不竭。以罌甕传水，注槽笕中。水稍竭，乃可下凿。"[71] 又载："端溪之南第一峰，第一条坑为水岩，第三条为文殊坑，当中一条为虎坑。水岩之上为屏风背，为朝天岩，为新坑，为岩仔，为宣德岩。宣德岩早已无石。西洞今亦凿穿，江水入焉，不可以复凿，即凿亦仅容二斧四人而已，中洞尚可容六斧十二人。东洞可容四斧八人。更番凿之。"[72] 又载："此岩自宋治平四年（1067）重开，有内官魏封勒名其上，封当与江西石匠数十人，被岩裂压死洞中，今岩口有魏太监坟，葬其客魂而已。石匠常为怪，叫呼掷砾以吓人，入洞者毛发凛然，忧鬼魅之为害。或亦山灵不欲精华尽出于人间也。"[73]

（6）清代乾隆年间，肇庆知府吴绳年为官时著书《端溪砚志》。每次开坑，必有其足迹，

[69]《端砚大观》编写组编：《端砚大观》，北京：红旗出版社，2005年版，第169、170页。

[70]《端砚大观》编写组编：《端砚大观》，北京：红旗出版社，2005年版，第162页。

[71]《端砚大观》编写组编：《端砚大观》，北京：红旗出版社，2005年版，第164页。

[72]《端砚大观》编写组编：《端砚大观》，北京：红旗出版社，2005年版，第165页。

[73]同上。

他在书中载："砚坑洞门在半山之下，进洞口转右，名摸胸石，坚不可凿，仅容一人裸体蒲伏而进……洞内开凿年久，宽大如屋，土人即以凿下废石随时填砌，以防倾堕。自洞口至洞底，高下相悬约二十八九丈。一路高止三尺，宽止三四尺，不能起立。匠作带领小工，各携小磁坛一，竹箕一。坛可容水五升，箕可贮石十余斤。每隔三尺排坐一人，并燃一灯，昼夜将水一坛一坛传递运出。并于洞门外开一小沟，设车一架，用篾筐戽水至车脚，然后车放入溪。进洞渐远，人数愈增，开至东洞，须排坐四十余人，方得水干。其采石之法，一如运水人数，并隔三五日又须引去客水一次，然后看明石壁脉络，遇有颜色鲜润者，然后下凿采取。否则遇凿出火，并亦无用也。大约坑岩原分上中下三层，下岩最为上品，但岩洞年久深远，一岁之内，惟冬月水涸时可开采，而运石车水先需两月有余，一遇新正，春水发生，虽欲车戽，技无可施。"[74]

道光十三年（1833），肇庆西江洪水成灾，民不聊生。"洪水决堤，两广总督卢坤准乡民之请，开水岩老坑，以所得为赈灾经费，不作贡品。"[75]随着老坑开采深度加深，难度愈大，危险也愈大。清代吴兰修《端溪砚史》引《高要县志》："岩坏欲倾，取水不干，石工畏取"，每次开采都有石工被埋在坑洞内。相传咸丰九年（1859）黄岗村民受命采石，因洞内大面积塌方，造成重大石工伤亡而封坑，自此坑仔岩再无开采记录。长期封坑禁采，令以制砚为生的黄岗村民生活陷入困境。光绪十二年（1886），两广总督张之洞亲自批准再开老坑（包括小西洞），原定采出石料分作十二股，官为三股，以作贡品，后有人谓开坑有伤风水，申请封禁。官府曾一度以破坏风水为由封禁砚坑采石，并逮捕了一批石匠。为平息端溪砚坑（老坑）争论，光绪十五年（1889）八月二十三日，"张之洞亲自乘坐火轮巡视羚羊峡、砚坑及沿江堤围，裁定不当封禁"[76]，并核准黄岗石匠梁念忠、赵辕等人开采砚石，"并且重新规定开坑所得官府充贡品之三成全行裁免。全部所得绅商各半，绅得之半，拨充端溪书院经费。各官不得私受一砚，胥吏不得需索分文。并刻石为告示，承包商何昆玉即出银2000两，以为端溪书院经费"[77]。1890年冬，肇

[74]《端砚大观》编写组编：《端砚大观》，北京：红旗出版社，2005年版，186页。

[75] 肇庆市端州区地方志编纂委员会编：《肇庆市志》，广州：广东人民出版社，1996年版，931页。

[76] 同上。

[77] 同上。

图 1-6-2　张之洞碑刻拓片

庆举人林志五、城郊塘尾村冼店成和高要沙头李堂带领百余人，乘船前往老坑开采砚石。汲水两月余，开采三个月，所得大小精粗石千块运回肇庆。这次是相隔一百多年后的最后一次有记载、有计划、有组织的大规模开采。自此，端砚作为贡品的历史宣告结束。（图 1-6-2）

2.制作与销售

乾隆皇帝统治时期，废除了工匠籍制度后，全国手工业劳动者得到解放，肇庆端砚生产和交易更加活跃，从而吸引了更多外来人口聚集黄岗从事采石、制砚以及石制工艺品，生产与销售呈现出一片繁荣景象。清代诗人屈大均，曾任肇庆知府，他在《黄冈》诗中描绘了当年黄岗村民采石制砚的场景："黄冈村最好，斜对水岩开。紫石家家琢，青花一一栽。"[78] 又云："村小当高峡，家家拥石林。琢磨儿女力，挥洒圣贤心。"[79] 又载："此地耕桑少，人人割紫云。双缣天际至，一片水坑分……"[80] 短短几首诗深刻体现了黄岗村民的智慧和勤劳、专业、敬业的精神。清代诗人申甫到黄岗时走门串户，对村中女子的制砚技艺赞不绝口，即作诗云："端州白石净于玉，端州锦石烂如云。黄岗十里皆石户，女郎亦参追琢勋。"[81] 自唐以来黄岗村民以石为生，以砚为耕，世代相传。清代诗人屈

---

[78] 李护暖著：《历代端砚诗赋广辑及注释》，广州：岭南美术出版社，2011 年版，第 126 页。

[79] 李护暖著：《历代端砚诗赋广辑及注释》，广州：岭南美术出版社，2011 年版，第 127 页。

[80] 同上。

[81] 李护暖著：《历代端砚诗赋广辑及注释》，广州：岭南美术出版社，2011 年版，第 262 页。

图 1-6-3 清代黄岗石工打制的各式石具

大均在《广东新语》中记载："羚羊峡西北岸,有村曰黄冈,居民五百余家,以石为生。其琢紫石者半,白石、锦石者半。紫石以制砚,白石、锦石以作屏风、几、案、盘、盂诸物,岁售天下逾万金……盖黄冈衣食于石,自宋至今,享山岩之利数百年矣。"[82](图1-6-3)

端砚生产兴旺,带动了商业繁荣。清朝初期黄岗墟和肇庆城外天宁寺附近水街一带,就是经营端砚的固定地段。水街码头,每天各地货物通过船只运输停靠交易转运,商贸云集,车水马龙。从水街码头至城中路一带,端砚交易成行成市。清代吴震方在《岭南杂记》中记录了肇庆城外的江边有端砚集市:"顺治壬辰夏,以命使粤肇庆府,古端州也。所寓郭外天宁寺,咫尺端江,聚砚为市。"[83]而在黄岗每到墟日前夜,各村全家老少就

[82] 肇庆市端州区地方志编纂委员会编:《肇庆市端州区志》,北京:方志出版社,2012年版,第1036页。
[83] 陈羽著:《端砚民俗考》,北京:文物出版社,2010年版,第157页。

图 1-6-4　清代肇庆城外的水街码头

把自家制作成的端砚、砚石坯料、水洗、纸镇、磨刀石、石碑、佛像、罗汉石柱等摆件打蜡、分类，用蒲草包扎好，等待天亮就担挑或背驮货物赶到"砚市"，在摊档上按照不同的类别整理摆放等候交易。旭日东升，集市上各种实用砚、雕花砚、砚坯、文房用具等已琳琅满目，叫卖声不绝于耳，热闹非凡。除岭南地区的客商外，"砚市"也吸引了全国各地官吏要员、文人雅士乃至王公贵族等慕名前来寻觅佳石名砚。他们购砚后亲自携带或通过水陆运输回家。"岭南三大家"之一的陈恭尹在《冬日端江舟中杂诗》中写道："黄岗村里砚成堆，市估争携趁客回"[84]，真实记录了肇庆城集市交易端砚及石制工艺品的繁华景象。据《肇庆县志》载，清光绪三十四年（1908）至民国时期成立肇庆商务分会，其商店约有一千间。其时肇庆城有"端砚石刻店铺近十家"[85]。黄岗许多制砚家族作坊，为了把生意做得更大，他们还把端砚推销到广西、华东及中原等地，形成了采石、制砚、销售"三位一体"的家族经营模式，不仅增加了收入，也为端砚文化的传播做出了重要贡献。（图 1-6-4）

[84] 陈羽著：《端砚民俗考》，北京：文物出版社，2010 年版，第 153 页。
[85] 陈羽著：《端砚民俗考》，北京：文物出版社，2010 年版，第 154 页。

图 1-6-5　清代印心石屋山水图端砚及拓片

## 二、肇庆民间端砚工艺特色

明末清初，肇庆农业、手工业和商贸业繁荣发展，端砚也出现产销两旺的新景象。朝廷对端砚十分重视，专门委派砚务官到肇庆统领端砚坑口的开采，并对上贡朝廷的砚石、砚台形制、雕刻工艺等进行技术指导。这一时期，中原文化和各种雕刻艺术品通过商务贸易、文化交流等源源不断输入岭南，为黄岗砚匠带来广阔的创作空间，端砚制作工艺得到显著提升。

为了争取市场主导权，以白石、宾日、东禺等为代表的各大制砚家族、作坊之间也从制砚工艺上相互竞争，他们纷纷走出去，到安徽、上海、苏州等地向制砚高手拜师学艺，吸取"徽派""海派"制砚技艺，回家后融入"广作"之技法，以优美的形制、精湛的雕刻工艺赢取市场。

在形制上，端州黄岗砚匠注重灵巧、追求气韵，已不再像宋、元、明代那样追求高大、厚重、规矩方直，而是将砚形逐渐矮化变为平面。除减轻砚台整体的重量外，更强调砚台的立体感，如长方形、正方形、圆形、椭圆形、琴形、海棠形、八卦形、蝉形、瓶形、棱形、双履形、走水形、圭壁形、卷书形等砚形，线条挺直流畅。实用性强，同时还巧妙利用砚石上的各种石品花纹，大胆追求艺术个性，创作出各种仿生随形等砚式，如荷

叶形、瓜瓞形、竹节形、仙桃形、荔枝形、莲子形等。（图1-6-5）

在雕刻题材和纹饰上，黄岗砚匠把木雕、石雕、玉雕、象牙雕、漆雕等技艺融入砚雕创作，使题材内容更丰富广泛。包括草木瓜果、鸟兽鱼虫、日月风云、山川海洋、历史典故、宗教故事、仿古器物、名家书法、印章铭刻等。

常见的雕刻纹饰包括以下几类：

植物类：牡丹花、梅、兰、竹、菊、玉兰花、瓜藤、宝莲、荷花、荷叶、莲藕、棉豆、花生、香瓜、苍松、翠柏、仙桃、灵芝、木棉花等。

动物类：牛、马、羊、鹿、蜜蜂、猴、蟾蜍、松鼠、蝉、白鹤、喜鹊、龟、蛇、狮子、蜘蛛、蝙蝠、双鱼、螃蟹、虾、鸳鸯、宝鸭、金鸡、蝉（缠）鸣、瓜瓞双蝶、喜（鹊）上眉梢、松鹤延年等。

自然山水类：山石、太阳、月亮、五岳图、水波纹、海浪纹、云海纹等。

仿古纹饰类：云纹、回纹、炫纹、几何纹、带圈纹、绳纹、方格纹、鼓钉纹、兽面纹、饕餮纹、蟠纹、龙凤纹、夔龙纹、云螭纹、云龙纹、云凤纹、布袋、绳带、花瓶、鼎、斧、卷草纹、瑞兽纹、双龙戏珠、瑞狮抢球等。

在雕刻技法上，肇庆民间端砚雕刻工艺，也受到社会各阶层审美情趣的影响，除借鉴融入北方"京派""徽派""海派"等砚雕技艺特长外，还匠心独运地融入岭南木雕、牙雕、广绣、陶瓷、玉雕、砖雕等多种工艺美术元素，并根据端石的大小、石色、石质、石品的不同，采用通雕、镂空雕、浅雕、俏色、浅浮雕以及线刻等技法，"因石构图，因材施艺"，创作出具有浓郁的"广作"砚雕艺术风格的作品。

清代，黄岗宾日、蓝塘的刻砚艺人，大多受白石村罗氏家族传授技艺影响，砚雕能手辈出，如白石村罗、郭、程、梁、李、蔡氏，宾日村朱氏、杨氏等砚制家族成为当时传承和砚雕艺术发展的主要力量。其中以白石村黄纯甫、罗赞、罗宝、郭兰祥等为代表的琢砚高手，以刻云龙、山水人物、飞禽瑞兽而著称于世。常为官府刻制贡砚。黄纯甫刻的龙，鳞甲飞动、首尾隐现，活灵活现。罗赞、罗宝两兄弟"以云龙戏珠""凤凰戏珠牡丹"著称，在清代纪均《纪晓岚砚谱》一书中收录了二罗作品拓本及"凤凰牡丹"拓片。白石村郭兰祥刻制的"山水图"也堪称绝品，作者把砚石最佳处作砚面以便研墨

图 1-6-6　山水图端砚背面图及拓片

使用。"砚背，巧妙地利用了石质中的不同颜色，依形雕刻出一幅山水图卷，远山近水，虚实结合，工细而不板滞。"[86]

薄意雕及线刻技法互补，山水、树木、石阶、小桥、凉亭、房屋等繁杂而不乱。刀法娴熟，层次清晰，凸显出清代黄岗砚匠高超的雕刻技艺。（图 1-6-6）

### 三、清宫御制端砚的工艺特征

清代中期，社会安定，经济繁荣，国力强盛，肇庆端砚与全国工艺美术行业一样，也获得了很好的发展机遇。端砚在朝廷中也得到了康、雍、乾三朝帝王的重视和宠爱。

康熙、雍正年间，端砚形制上继唐宋优良砚种，下承元明典雅遗风。康熙、雍正身为一国之帝，虽然日理万机，但仍参与端砚及各种暖式砚的设计，凡秀气文雅端砚形制，均命"内务府造办处"留作式样，以确保在风格上是"内廷恭造之式"。（图 1-6-7）

乾隆皇帝更是好古博雅达到极致，他一方面仿古揽旧、囊括历朝旧制古砚，另一方面借鉴古物独创新式。据传，每次肇庆府上贡的"三大名坑"砚材，乾隆皇帝必亲自设计样式和监视制作过程，并命制端砚成"内廷定式"。他还在全国大量招用民间琢砚名匠，

[86] 首都博物馆编：《首都博物馆馆藏名砚》，北京：北京工艺美术出版社，1997年版，第48页。

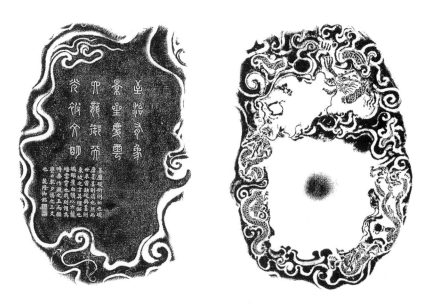

图 1-6-7　清代旧端石六龙端砚及拓片

如金殿扬、刘源、顾公望、顾二娘、沈嘉林、张崇益等高手到宫廷"内务府养心殿造办处"
为朝廷制砚。他们个个身怀绝技，体会"圣意"，用尽心机精雕细琢，创造出无数精美
绝伦的宫廷御用端砚。

　　"宫廷砚"充分借鉴了玉、木、石、砖、象牙、陶瓷等各种雕刻艺术特点，在设计造型上倡导规矩、严谨、端正、方直的艺术个性，凸显庄严、高贵、典雅、雍容大气的艺术美感。其纹饰图案大多沿用古代饕餮纹、龙凤纹、云纹等以及历代书画作品中的亭台楼榭、人物山水、飞禽瑞兽、花鸟鱼虫、历史典故、风云日月、名家书法、印章篆刻等。

　　在题材上表现"意求浑厚，境求古朴自然""图必有意，意必吉祥"，是清宫御制端砚艺术中的一大特征。砚师们在宫中创作特别能领悟"圣意"，匠心独运地利用谐音、喻义、比拟、表号、文字等借物托意方式，表达某种象征或寄予主人的美好祝福与愿望，如福在眼前、松鹤同龄、麒麟送子、指日高升、多子多福、花开富贵等。在布置纹饰上，还采用牡丹、松树、梅花、云龙、云凤、喜鹊、菊花、瓜果及仿青铜器物上的几何纹、水波纹样等古纹饰。

　　在雕刻技法上，砚雕大师们还巧妙利用端石特有的石品和纹理，采用不同雕刻技法，如深雕、通雕、镂空雕、浅雕、浅浮雕及线刻等，或深浅阴阳，或夸张写意，尽情发挥，使端砚呈现层次繁而不乱、刀法苍劲而不浮、线条细腻流畅的艺术效果。

　　纵观宫廷御制砚，无论是形制还是雕刻工艺都着重于线条的刻画，在圆润无锋、深朴厚重中表现出工匠纯熟的技艺。平衡对称的构图、寓意祥瑞的题材以及精湛的制作已达到登峰造极的地步，凸显出清宫造办处端砚制作独特的艺术魅力和风格。（图 1-6-8）

图 1-6-8　清代双龙戏珠端砚

# 第七节　民国端砚

　　民国时期，国家内忧外患，政局动荡，军阀混战，民不聊生，端砚产业一片萧条。1937年抗日战争全面爆发，广州、肇庆等地遭到日机轰炸，黄岗村民纷纷逃难流浪外地谋生或改行歇业，肇庆城区天宁街、水街码头、江滨二马路至芹田桥一带的端砚店铺以及黄岗"惠福坊、应日坊、大德坊和宾日、东禺、泰宁、蓝塘等村民在肇庆、广州、佛山、香港等地开设的店铺有20多家"[87]都关门歇业。据1952年广州市各行各业店铺数据调查显示："当时广州有端砚店铺共15间。"[88]老字号名店有懋隆、广泰、赞玉，佛山开设的端砚店铺有利发、广发以及香港的源栈石业店，这些店铺都是黄岗砚匠们世代苦心经营而传承下来的，产品质量好，在当地具有较大的市场竞争力，最终因战争灾难而全部倒闭。（图1-7-1）

　　苦难的日子度日如年。为了生存，黄岗砚匠不得不去北岭山深山的榄坑、大榄黄坑、陈坑、伍坑、将军坑、大冲坑、彩带宋坑、九尾坑等坑洞偷采砚石，深夜运回来闭门制砚，并以超低价换取生活用品。这一时期，开坑采石停顿，砚匠们心情烦躁，对国家前途无望，也无心潜心创作。制作的端砚造型过于简单，大多为20厘米至30厘米左右的长方形、正方形、淌池形、素身抄手形、随形瓜果形、椭圆形、池头花等形状的实用砚，雕刻题材纹饰主要有瓜瓞、荷叶、如意、梅、兰、竹、菊、云龙、云凤等，刻工简单随意，反映出黄岗砚雕艺人对当时社会的不满与愤怒，更无上品端砚存世。（图1-7-2至图1-7-4）

---

[87]陈羽著：《端砚民俗考》，北京：文物出版社，2012年版，第158页。

[88]同上。

清至民国时期黄岗村村民开设的端砚石业店铺列表

| 坊名 | 创办人 | 店名 | 地点 |
|---|---|---|---|
| 惠福坊 | 罗松彪 | 钰铨斋 | 肇庆城中路 173 号 |
| 惠福坊 | 蔡九 | 蔡宝华 | 在白石村内开设 |
| 惠福坊 | 罗冠雄 | 瑞华斋 | 肇庆城中路 |
| 惠福坊 | 罗冠华（二苏） | 宝山斋 | 肇庆东门街（今正东路） |
| 大德坊 | 梁耀南 | 懋隆（民国初改为"星岩"） | 广州诗书路（现天成路） |
| 宾日坊 | 杨忠 | 介成万石墨砚店 | 宾日村内开设 |
| 宾日坊 | 杨辉记 | 辉记杂货铺 | 宾日村内开设 |
| 宾日坊 | 林伟 | 正发石业店 | 广州天成路 |
| 宾日坊 | 杨灿云（杨苏虾） | 利发石业店 | 广州天成路、香港 |
| 宾日坊 | 杨毛驹 | 正利石业店 | 佛山升平路高基街 |
| 宾日坊 | 杨绍文 | 恒利石业店 | 同上 |
| 宾日坊 | 杨亚毛 | 广利石业店 | 佛山升平路牛栏口 |
| 宾日坊 | 林亚妮（后由其儿子林伟管理） | 安发石业店 | 广州天成路 |
| 宾日坊 | 杨芬（杨桂添父亲） | 正利、云利、大利 | 佛山 |
| 宾日坊 | 杨岳新 | 源栈石业店利发云石铺 | 广州大德路香港铜锣湾 |
| 泰宁村 | 梁宝泉 | 厚玉斋 | 肇庆城中路 |
| 东禺坊 | 陈长头 | 陈玉斋 | 肇庆城区水街（今天宁南路） |

此外，据黄岗的老人回忆，还有一些人在外面开铺，但由于年代久远已记不起店名。如黄狗四、夏姓人在广州开铺，李广苏在佛山开铺。另外还有行外人收购端砚开铺经营。如蓝塘周炳云、周友云和周福云三兄弟在广州龙塘路（现教育路）开有三间经营端砚的店铺。

图 1-7-1　清至民国时期黄岗村村民开设的端砚石业店铺列表

图 1-7-2　懋隆砚铺旧景

图 1-7-3　民国瓜瓞砚

图 1-7-4　民国学海文澜砚（正、背）

# 第八节　当代端砚

## 一、新中国成立后，端砚重获新生

20 世纪 50 年代，黄岗村的端砚制作只有零星的家庭手工作坊。后来，上级政府部门开始筹划恢复端砚生产，并派地质专家到斧柯山砚坑实地调研勘查，决定重开封尘百余年的砚坑坑洞。1958 年，黄岗白石村农业生产合作社开始组建，小规模集体生产端砚，"于 1960 年成立白石石场，恢复端砚生产，场长李顺庆"。[89] 同年，肇庆政府根据端砚发展需要，又组织端砚艺人组建端砚生产小组与集体所有制小型端砚企业，地址位于工农北路。"1959 年，并入文教用品生产社。"[90]

为了扩大生产，企业在黄岗镇招收一大批采石工和制砚学徒工，邀请白石村惠福坊制砚世家传承人罗耀、罗均培、罗沛佳、罗星培和"应日坊"程泗等任雕刻师傅，有计划地培养年轻人学习砚雕技术，重新建立起端砚生产队伍。"1960 年文教用品生产社转为地方国营工艺厂。1961 年复归集体，名肇庆市工艺厂。端砚年产量千余方，年产值只有三万多元。1962 年国家轻工业部大力支持端砚生产，麻子坑停采 100 多年后，由肇庆工艺厂恢复开采。"[91] 后来工业及外贸部门领导带领销售人员拿端砚样品奔赴全国各大城市，帮助端砚企业打开销路，端砚的产量、产值大幅增长。1962 年至 1966 年

---

[89] 中共肇庆市委宣传部，肇庆市文化广电新闻出版局编：《肇庆文化遗产》，广州：南方日报出版社，2009 年版，第 401 页。

[90] 肇庆市端州区地方志编纂委员会编：《肇庆市志》，广州：广东人民出版社，1996 年版，第 195 页。

[91] 中共肇庆市委宣传部，肇庆市文化广电新闻出版局编：《肇庆文化遗产》，广州：南方日报出版社，2009 年版，第 401 页。

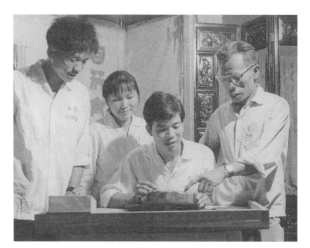

图 1-8-1　罗星培在端砚厂雕刻车间教授徒弟学艺

两家端砚厂年产量约 500 方至 1000 方，产值 5 万元至 10 万元。从 1962 年开始出口产值达 33.1 万元，以后逐年增加。（图 1-8-1）20 世纪 60 年代后期，肇庆市工艺厂生产秩序混乱，员工人心惶惶，无心工作，大批采石工及砚雕人员无工可做或改行务农，端砚生产又处于半停产和停产状况，端砚产量、产值降到最低点，工厂面临倒闭。

1969 年白石村的"白石石场更名为白石端砚厂"[92]，由于生产业务发展好，产值利润不断提高。"1970 年 10 月，肇庆市郊区公社收并白石端砚厂，成立肇庆市郊区端砚厂"[93]，与国营"肇庆市工艺厂"互相学习，相互竞争，扩大生产队伍，谋求共同发展。

1972 年中日建交后，日本文化市场繁荣，对端砚需求量大增。日本及海外端砚收藏者纷纷从北京、上海、广州等地来肇庆购买并大批量订购端砚回去销售，从此迎来了端砚行业的发展机遇。同年，经上级政府部门批准，停采 100 多年的老坑洞由"肇庆市工艺厂"获得开采权，并再次把熟练的采石工及制砚工招进单位工作，端砚生产又得到恢复和发展。据相关资料统计，"1972 年端砚产量约为 1800 方，产值约 25 万元。1973 年产量约 1200 方，产值约 35 万元（以上郊区占 70%）。1974 年至 1975 年产量约 3000 方至 5000 方，年产值约 50 万至 60 万元（郊区占 50%）。1976 年约为 10000 方，产值约 100 万元（郊区占 50%）"[94]。至"1977 年肇庆市端砚生

[92] 中共肇庆市委宣传部，肇庆市文化广电新闻出版局编：《肇庆文化遗产》，广州：南方日报出版社，2009 年版，第 401 页。
[93] 肇庆市端州区地方志编纂委员会编：《肇庆市志》，广州：广东人民出版社，1996 年版，第 402 页。
[94] 同上。

图 1-8-2　端溪名砚厂艺人在刻砚

产企业年产端砚总量近 7000 方，产值达到 300 多万元"[95]，为肇庆市的经济建设做出了贡献。（图 1-8-2）

## 二、改革开放后，端砚产业再创辉煌

### 1.端砚生产蓬勃发展

1978 年改革开放，为肇庆市端砚产销业带来了新的发展机遇，经上级政府批准，"坑仔岩停采 100 多年后由'肇庆市工艺厂'恢复开采"[96]，并组织百余人先对古坑道进行勘探维护，在古坑旁另开坑口，并采用轨道车运送石料方法把砚石运送到洞口，大大减轻了砚工的体力劳动，降低了成本。至此，历史上的"三大名坑"以及各种古旧砚坑，陆续被发现发掘，超过了历朝历代的开采量，为扩大端砚生产销售提供了资源保障。

广东省及肇庆市工业和外贸部门极为重视端砚的出口，为了扩大出口，换取外汇，1979 年，肇庆市工艺厂拆分再组建"肇庆市端溪名砚厂"，同时加大专款投入，扩建厂房，并大量聘请砚雕技术骨干人员设计新品种，打开国内外及海外端砚市场，国内外订货客户猛增，端砚产品供不应求。端砚作品如"百鸟鸣春砚""七星人间砚"等，多次荣获

[95] 肇庆市端州区地方志编纂委员会编：《肇庆市志》，广州：广东人民出版社，1996 年版，第 938 页。
[96] 中共肇庆市委宣传部，肇庆市文化广电新闻出版局编：《肇庆文化遗产》，广州：南方日报出版社，2009 年版，第 402 页。

图 1-8-3　百鸟鸣春砚（黎铿作）

国家轻工业部优质产品奖、省级优质产品称号，有多件作品被国家收藏。[97]（图 1-8-3）

　　为扩大端砚生产，提升端砚品牌效益，满足用户需求，原属肇庆郊区社办集体企业的肇庆市郊区端砚厂，改名为"肇庆市端砚厂"，新建宝砚楼一幢，"不断改进技术和经营管理，产品开拓创新，现已成为一个以出口为主的省内的工艺品企业"[98]。"厂房4000 平方米，职工 134 人，固定资产 62 万元，1987 年工业产值 112 万元，创汇 24.54万元。"[99]"产品质量稳步提高，生产的'双鱼砚'和'龟砚'分别获地区工艺美术品一、二等奖；生产的'貂蝉拜月砚'获省工艺美术品二等奖。"[100]据权威统计资料显示，自"20 世纪 70 年代后期，白石、宾日、蓝塘等村均有端砚厂。20 世纪 80 年代，几乎

[97] 肇庆市端州区地方志编纂委员会编：《肇庆市志》，广州：广东人民出版社，1996 年版，第 195 页。

[98] 同上。

[99] 肇庆市端州区志编委会编：《肇庆市端州区志》，北京：方志出版社，2012 年版，第 1038 页。

[100] 中共肇庆市委宣传部，肇庆市文化广电新闻出版局编：《肇庆文化遗产》，广州：南方日报出版社，2009 年版，第 403 页。

图1-8-4　白石村随处可见砚户工匠们在门前制作　　图1-8-5　中国砚村牌楼
端砚

每村每户都有人参与采石和雕砚，有端砚小厂近百家，从业者近千人"[101]。

改革开放后，党和国家领导人十分关心端砚产业的发展，习仲勋挥笔题词"端砚是国宝，要精益求精、争取多出口"[102]。并鼓励国营、集体乡镇私营端砚企业大量生产，开发新品种，多出口换取外汇，支援国家建设。（图1-8-4）

肇庆的端砚出口均有国家经贸部授权广东省工艺品进出口公司经营，通过改革把端砚由原来分购统销的二类产品，改为放开经营的三类商品。端砚生产销售统一由经贸部门带头出口，令肇庆近百家优秀私营端砚企业得到更大的发展机遇，端砚生产从农村拓展到城市，形成了"八仙过海，各显神通"的良好局面。一大批端砚企业在竞争中脱颖而出，成为当时肇庆出口创汇的明星企业，如规模为20人至60人的企业有"肇庆市大德利端砚厂、肇庆市新利端砚厂、华兴端砚厂、七星名砚工艺厂、大岭砚桥端砚艺术有限公司、权氏端砚工艺品有限公司、黄岗华强石刻工艺厂、肇庆市艺海端砚厂、艺安端砚厂、河旁端砚厂、华佳石刻工艺厂、端峰砚雕厂、端城端砚厂、黄岗白石宏溪端砚厂等"[103]。企业每年出口到日本、韩国、新加坡及中国港澳台地区的端砚超过10万方，年产值超400多万美元。

在肇庆市委市政府以及端州区委区政府的大力推动下，2014年，由深圳德业基集团公司投资5亿元开发建设的"中国砚村"占地面积达15万平方米，以砚坑、砚岛、

[101] 肇庆市端州区志编委会编：《肇庆市端州区志》，北京：方志出版社，2012年版，第1038页。

[102] 中共肇庆市委宣传部，肇庆市文化广电新闻出版局编：《肇庆文化遗产》，广州：南方日报出版社，2009年版，第403页。

[103] 肇庆市端州区志编委会编：《肇庆市端州区志》，北京：方志出版社，2012年版，第1037页。

图 1-8-6　肇庆市被评为"十一五"轻工业特色区域和产业集群先进集体

砚村为主，砚石、砚碑、砚人为辅的旅游规划建设，成为肇庆市一道亮丽的端砚文化旅游风景线。（图 1-8-5）

据不完全统计，自 1980 年至 2015 年，全市有端砚企业或作坊共 1000 余家，端砚销售店铺 1500 余家，端砚产量达到近 100 万方，销售总额达到 10 多亿元，而由端砚行业衍生的各类从业人员超过 10 万人。以黄岗白石、东禺、宾日、蓝塘村为中心的端砚生产企业和作坊，已辐射到高要南岸、金渡、水口、水边、鼎湖苏村、坑口、桂城等乡村，其中高要区金渡镇水口、水边等村，已发展成为第二个端砚生产基地，为肇庆经济发展及端砚技艺传承做出了贡献。（图 1-8-6）

2. 端砚馈赠国内外政要

自古以来，历代帝王将相、文人墨客都把端砚作为珍宝馈赠给重臣及挚友。新中国成立后，党和国家领导人也把端砚作为"国宝"赠送国外首脑政要及地区长官，通过端砚以表真情，相互间建立深厚友谊，也把端砚文化向世界传播。如 1978 年，"由外交部总务司翟荫棠司长策划、监制，设计小组由刘演良负责，程泗、黎铿、梁庆昌、冯绍谋、麦健醒、孔繁星等人刻制"的 13 方端砚，"被选为国家领导人出访日本的礼品"[104]，"其中 9 方为邓小平访日送给日本天皇、田中首相、福田外相等，3 方为邓颖超访日礼品，1 方为华国锋访问礼品"[105]。用端砚作礼品，在日本朝野及民间引起轰动，为中日友好

---

[104] 中共肇庆市委宣传部，肇庆市文化广电新闻出版局编：《肇庆文化遗产》，广州：南方日报出版社，2009 年版，第 403 页。
[105] 同上。

图 1-8-7　七星连珠砚（黎铿作）

关系搭建了桥梁，从此，端砚成为我国党和国家领导人及地方政府赠送外国政要及地区首领的重要礼品。1997 年 6 月为祝贺香港回归，肇庆市人民政府赠送"七星迎珠砚"（黎铿创作）给香港特区政府[106]；1999 年 9 月肇庆市人民政府将"中华九龙宝砚"（黎铿创作）作为庆祝中华人民共和国建国 50 周年和人民大会堂建成 40 周年礼品赠送给国家，由人民大会堂收藏[107]。（图 1-8-7）

2003 年 11 月，由黎铿创作的"南粤花开砚"作为时任广东省省长黄华华的礼品砚赠送给广东省经济发展咨询会的洋顾问[108]。

2005 年 12 月 20 日，时任中共中央政治局委员、广东省委书记张德江赠送"端溪龙腾四海砚"（黎铿设计监制）给朝鲜党和国家元首金正日[109]。2008 年，肇庆市人民政府赠送贵宾礼品端砚给 2008 年北京奥运组委会，让世界人民了解肇庆，认识端砚，从此实现了端砚走向世界的梦想。

---

[106] 中共肇庆市委宣传部，肇庆市文化广电新闻出版局编：《肇庆文化遗产》，广州：南方日报出版社，2009 年版，第 405 页。
[107] 同上。
[108] 中共肇庆市委宣传部，肇庆市文化广电新闻出版局编：《肇庆文化遗产》，广州：南方日报出版社，2009 年版，第 406 页。
[109] 中共肇庆市委宣传部，肇庆市文化广电新闻出版局编：《肇庆文化遗产》，广州：南方日报出版社，2009 年版，第 407 页。

## 三、培养高素质端砚人才队伍

砚雕技术人才是端砚企业走向高端化、艺术化方向发展的必要条件。20世纪90年代末，肇庆市端砚厂、肇庆市工艺厂、肇庆市端溪名砚厂等大企业转制，致使一批采石、砚雕技术人员分散到个体端砚企业担任领导或当制砚师傅，为大批端砚企业注入新的血液。端砚产业的繁荣，也吸引许多外省年轻人来到黄岗、鼎湖、金渡等镇的端砚厂学习砚雕技艺。仅白石村各工厂、作坊等家族企业，以"传、帮、带"的形式，每年传授当地及省内外学徒工数千人。2012年9月，肇庆学院端砚雕刻大专班开学，2014年开设了端砚雕刻方向本科学历教育，培养出一大批既有理论研究水平又有砚雕创作技艺的"双面手"人才。端砚技艺从民间的师徒传承进入到正规的学历教育。为了培养更多专业技术人才，自2002年起，肇庆市端砚业发展指导委员会和肇庆市人事局协同肇庆市端砚

图1-8-8　肇庆学院端砚雕刻专业的学生在认真学习雕刻端砚

图1-8-9　肇庆市沙湖小学端砚拓印课

图1-8-10　肇庆职业学校教学基地特聘端砚界专家、学者担任教师，传承端砚文化

图1-8-11　2017年肇庆市第三届"卓越杯"端砚雕刻职业技能大赛现场

图 1-8-12　肇庆市第四中学举办"端砚文化教育基地挂牌暨基地专家导师聘任仪式"

图 1-8-13　黄岗小学砚雕教学现场

图 1-8-14　沙湖小学专心刻砚的学生

图 1-8-15　领导视察教学现场

协会多次组织砚石开采、雕刻、砚盒包装、销售等人员，为其开办端砚基础理论及工艺美术基础理论与专业知识培训班。与此同时，肇庆各大中专院校以及端州区各中小学也都开设了端砚技艺课程，邀请砚学专家、学者、国家级制砚艺术大师讲授端砚历史文化和造型设计、选题、雕刻等知识。（图 1-8-8 至图 1-8-15）

据《紫云追梦·肇庆市端砚行业发展概况》介绍，自 20 世纪 80 年代至 2000 年，肇庆市端砚行业拥有技术职称和称号的人员共 679 人，其中亚太地区手工艺大师 1 人，中国工艺美术大师 5 人，中国文房四宝制砚艺术大师 21 人，中国文房四宝专家 6 人，国家级非物质文化遗产项目代表性传承人 2 人，广东省非物质文化遗产项目代表性传承人 4 人，广东省工艺美术大师 31 人，广东省岗位技术能手标兵 1 人，肇庆市德艺双馨艺术家 2 人，肇庆市非物质文化遗产项目代表性传承人 12 人，肇庆市制砚名师 33 人，肇庆市制砚艺术大师（肇庆市工艺美术大师）10 人，肇庆市端砚技艺、技术能手 80 人，高级工艺美术师88人，肇庆市专业技术拔尖人才6人，肇庆市技术能手标兵3人，肇庆市端砚文化理论专家13人。此外，拥有初级、中级工艺美术师职称320人，成为肇庆市端砚行业中的一支生力军，为端砚技艺传承培养出大量人才，做出了重要贡献。

## 四、端砚华丽转型

自古以来，端砚都以研墨使用为主，欣赏收藏为辅。但自20世纪80年代起，人们对端砚的审美观发生变化，不仅需要价格低廉的实用型端砚，而且更需要艺术欣赏性强、文化内容丰富的作品，用于收藏和投资升值。20世纪80年代开始以黎铿、刘演良等为代表的国家级制砚艺术大师们，在继承传统砚雕基础上勇于开拓创新，根据当代人对端砚的使用特点和审美需求，设计创作出一大批款式优美、题材新颖多样、雕刻精湛的端砚精品和小件工艺品。制砚大师们主要体现在以下三个方面：

一是增强端砚使用功能性。即按照市场需求，专业设计生产不同档次、不同使用人群的实用型端砚。如中小学生、端砚爱好者、书画家们喜欢用墨堂大、砚池深的单打砚、抄手砚、石渠砚以及各种形制的素砚等。这些砚台造型简洁，使用方便，价格低廉，深受文人墨客欢迎。

二是提升工艺性，增强创意性，即在工艺上开拓创新。当代收藏家们更喜欢石质名贵、雕刻精致、意境优美、内涵深厚的大师作品，这些作品具有很高的收藏价值和升值

图 1-8-16 仿西周三足鼎形九龙砚（柳新祥端砚艺术馆藏）

潜力。在创作中，大师们根据他们的审美情趣和市场需求，从石质、石品、造型、设计、雕刻、技法、刀法以及风格特点上"因石构思，因材施艺"，把端砚的特点发挥得淋漓尽致，既满足了广大消费者的需求，又体现了当代砚雕工艺的技术高度和时代特色。（图1-8-16）

三是把砚石废料转变为精致艺术品。自20世纪90年代起，端石砚坑陆续封坑禁采，导致了砚石资源严重短缺，价格飞涨。为了使每一块砚石得到充分有效利用，肇庆市各端砚企业大量聘请砚雕技术人员组织攻关，并根据消费者需求，把不适合做砚的大小砚石变废为宝，设计制作成各种各样的生活用品，如茶台、茶壶、茶盅和各式茶杯、茶托、香托以及各种把玩件等；各种艺术摆件，如荔枝、葡萄、石榴、香瓜、苦瓜、桃子、花生、丝瓜、扁豆、白菜、冬菇、灵芝、玉米、菊花、梅、兰、竹、菊、牡丹以及各种立体式飞禽瑞兽、鱼类、爬虫等；各种文房用品，如小型学生砚、把玩砚、砚屏、大小印章、天然闲章、笔洗、笔架、纸镇、印泥盒、水滴等，不仅开拓了端砚及工艺品市场，增加了企业收入，而且节约了砚石资源，产生出巨大的社会效益和经济效益。（图1-8-17）

图 1-8-17　绿端石花开富贵砚屏（柳新祥端砚艺术馆藏）

# 第二章
# 端砚石地质构造与演变

　　端砚之所以雄称"群砚之冠"千余年，誉满天下，主要在于其石质具有密实细腻、娇嫩滋润、贮水不耗、发墨快、不损毫、易于雕刻等特点而深受人们的喜爱。古代社会由于技术落后，砚学家们只能从砚石的表面论述其特点，而无法对端砚石的质地、砚石的形成以及石品花纹的成因特征等科学性问题进行解释。

　　1982年至1983年间广东省地质矿产局七一九地质队组织地质专家在肇庆市端砚石产区进行勘探，获得了重要数据并编写了地质调查报告。专家们从地质学、岩石学的角度介绍了端砚石产区的地理环境、地质构造、端砚石的形成及其化学、物理成分特性和特征等，从此揭开了端砚石的神秘面纱。

　　端砚之所以称雄千百余年，至今誉满天下，在于其石质滋润，致密坚实，石品花纹秀丽多姿，并具有"扣之不响、磨之无声，刚而不脆、柔而不滑，贮水不耗，发墨利笔"[1]等特点，受到文人墨客的喜爱。自唐以来，人们对端砚的认识、欣赏与研究，多注重于造型、砚石开采与雕刻艺术，见诸文字的论述、著作不下百余种，唯独对端砚的地质研究，如端石是如何形成的、其石品花纹的成因及其特征等科学性问题无人涉及或处于空白状态。

　　为了寻找与开发利用砚石矿产资源，广东省地质矿产局七〇九地质队，曾于1982年至1983年间，在肇庆市端砚产区展开了端砚石矿和端砚的相关专项研究，得到了第一手资料和重要数据，并编写了地质调查报告，"终于使人们对于端砚的地质情况及有关自然科学知识有了进一步了解，对于许多'古人云'的问题，也得到了科学解释"[2]。

　　本章节分别引用了地质专家陈振中、叶尔康及凌井生等教授关于端砚地质的相关科研资料，从地层学和岩石学的角度，简要介绍端砚石产区的地质构造、端砚石的形成及其化学、物理特征等，从此揭开了端砚石神秘的面纱。

[1] 高美庆著：《紫石凝英：历代端砚艺术》，香港：香港中文大学文物馆，1991年版，第140页。
[2] 同上。

# 第一节　端砚石的形成因素

人类生活的地球表面，除水之外主要是由岩石组成的。"地质学将这些岩石按其成因分别称为沉积岩（又称水沉岩）、变质岩和火成岩"[3]，它们记载着地壳30亿年至40亿年的发展历史，"端砚石矿床赋存在沉积岩内，是由沉积岩形成的"[4]。

据地质专家凌井升教授介绍："端砚石的原始母岩形成于距今4亿年前的泥盆纪中期。在地球演化史上，4亿年前，肇庆这个位置是一条沿北东方向延伸的滨岸潮坪，广州一带为古陆，地质文献中称之为'粤东南古陆'，在此处还有广宁半岛和信宜半岛。"[5]而它的西部广西方向，则为汪洋大海，海底地形总体上南高北低、东高西低，为一个向西南倾斜的海盆地。肇庆位于古陆与半岛之间的海陆交替处，海水从西部进入肇庆地区，两侧的古陆为沉积物提供了特质资源。"古陆风化剥蚀下来的大量泥沙被海水带到滨岸停下来，按比重和粒级的大小依次沉积堆积成层，较轻的漂浮物被水水解后停留在潮坪较低洼的湖区，缓慢沉降，最后沉积成层，这就是端砚石矿最初的物质聚集。随地壳的升降变动发生海陆变迁，这样的物质反复生成。在肇庆地区共沉积了4套这样的层位，总厚约402米。"[5]

端砚石的形成经历了漫长的阶段。根据砚石中各种花纹的特征和其相互关系，地质

---

[3] 柳新祥著：《中国名砚·端砚》，长沙：湖南美术出版社，2010年版，第37页。
[4] 同上。
[5] 凌井生著：《中国端砚——石质与鉴赏》，北京：地质出版社，2003年版，第51页。

专家初步将端砚石矿床形成过程分成四个形成阶段。

## 一、物质聚集作用阶段

　　紫（绿）砚石的原始物质来源于肇庆东南的古陆。风化剥蚀作用将古陆岩石分解，成为碎屑物和金属离子。部分矿物如白云母等被水溶解为胶体，雨水将这些物质搬运到河口三角洲和滨岸，其中呈胶状的泥质则聚集在潮坪区，并与混入胶泥中的少量石英碎屑、有机质及铁、镁、钙、硫等元素沉积下来，这就是紫（绿）砚石的母岩物质聚集作用阶段。[6]（图 2-1-1）

## 二、深埋成岩阶段

　　地壳不断地在运动、升降，经过数次反复的物质聚集作用后，使沉积物越堆越厚。到了泥盆纪晚期，大约距今 3.6 亿年前，肇庆这个地方开始变成浅海，后又经历石炭纪、二叠纪、三叠纪等地质时代的不断连续下降沉积，中间又经历了 1.7 亿年，主要沉积物有碳酸盐等，这时紫（绿）砚石母岩被深埋在地下，总厚度达 3000 米至 5000 米。深埋地下的砚石母岩，初始时，环境温度不高，压力不大，沉积物内的厌氧细菌使有机质腐烂分解，产生 $H_2S$、$CH_4$、$NH_3$、$CO_2$ 等气体，将变价金属元素的高价氧化物还原成低价硫化物，如高价铁（$Fe^{3+}$）被还原成低价铁（$Fe^{2+}$），胶泥脱水变成软泥，水的矿化度增高，介质使酸性氧化环境转变为碱性还原环境。在此情况下，"胶泥中的物质重新进行分配组合，再经压缩结晶，生成水白云母和白云石等矿物，最终固结为含铁质或含铁、含沙的水白云母型泥质岩以及白云石为主的泥质水白云岩（绿端石）"[7]。

　　第一、二阶段形成的砚石石品花纹主要有青花石眼（原型）、火捺（原型）、天青、鹧鸪斑（原型）、黄龙、翡翠纹、彩带、虫蛀（原型）、金星点、同心纹、五彩钉等。

## 三、褶皱隆起阶段

　　专家解释说："地质学上所称的变质作用，指的是地壳中的岩石由于受到地壳构造

---

[6] 柳新祥著：《中国名砚·端砚》，长沙：湖南美术出版社，2010 年版，第 37 页。

[7]《端砚大观》编写组编：《端砚大观》，北京：红旗出版社，2005 年版，第 3 页。

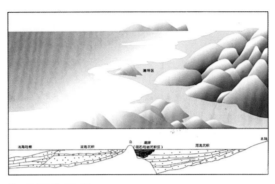

物质聚集阶段

| 地质年代 | 距今年龄<br>（亿年） | 老 坑 段 及 其 上 覆 岩 层 | 地层厚度<br>（米） |
|---|---|---|---|
| 三叠纪 | 2.31-2.48 | 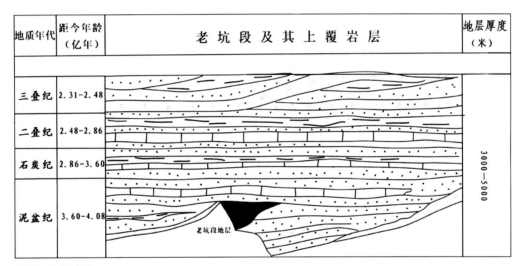 | 3000—5000 |
| 二叠纪 | 2.48-2.86 | | |
| 石炭纪 | 2.86-3.60 | | |
| 泥盆纪 | 3.60-4.08 | 老坑段地层 | |

深埋成岩阶段

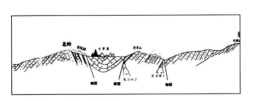

褶皱隆起变质阶段　　　　　　　表生成岩（矿）阶段

图 2-1-1　端砚地质图

运动、岩浆活动或地壳内热液充填及交代等内动力的影响，以致它们的矿物成分和结构构造（有时甚至还有化学成分）发生了不同程度的变化，这些变化统称为变质作用。肇庆这个位置在距今约 2.31 亿年前的时候，海水退出成为陆地，深埋于地下的泥盆纪等地层亦开始上升，并发生断裂。距今约 1.44 亿年的一次强烈地壳运动（地质学称燕山运动），将泥盆纪等地层褶皱隆起成山，还有深部的岩浆往上涌，使地壳受到强烈挤压，较软的岩石产生劈理、矿物重结晶，如水白云母重结晶成为绢云母，含矿物质的岩浆汽水热液沿已破碎的岩石裂隙充填，形成细脉。"[8] 这个阶段形成的砚石花纹有蕉叶白、浮云冻、冰纹、冰纹冻、银线、玉带、玉点等。

## 四、表生成岩（矿）阶段

表生成岩（矿），地质学又称"退后生作用"，"是紫（绿）砚石形成的重要阶段，指沉积岩层被地壳运动抬升到地壳表层后，在潜水层面以上发生的胶结交代，以及某些物质再重新聚集的作用阶段。水的作用和强氧化环境使砚石发生变化，低价铁矿物大部分转为高价铁矿物，如菱铁矿、黄铁矿绿泥石转变为褐铁矿、赤铁矿，钛矿物变为白钛石等，并形成新的砚石花纹，如鸲鹆眼、鸡眼、石皮、金线、铁线、玫瑰紫、铁捺、油涎光、虫蛀、朱砂钉以及绿端石中的木纹、山水纹、水草纹等"[9]。专家解释为：这是非常重要的阶段，前三个阶段称作端砚石的母岩形成阶段，最后这个阶段才是端砚石矿床的真正形成阶段，当然若没有前面三个阶段，也就没有后面这个阶段。端砚石之所以色彩斑斓、花纹丰富，就是因为这个阶段的作用形成的结果。（图 2-1-2）

因此，端砚石矿床一定是形成于地壳浅部，而深部不可能有优质的砚石原料。也正因为受形成条件的制约，才导致端砚石矿体数量非常有限。

---

[8] 柳新祥著：《中国名砚·端砚》，长沙：湖南美术出版社，2010 年版，第 41 页。
[9] 同上。

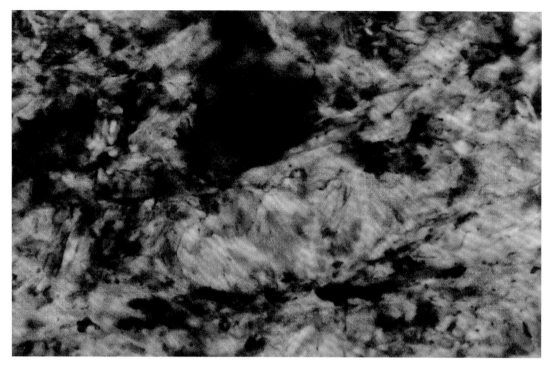

图 2-1-2　呈鳞状水云母

# 第二节　端砚石的地质构造成因

端砚石产区，位于广东省肇庆市高要行政辖区内，大致在西江三榕峡以东，大湘口至鼎湖山以南，以及羚羊峡斧柯山（又称烂柯山、栏柯山）以北的范围内。据地质专家报告介绍，"它的地质区域位置，则位于华夏古陆西南端，云开隆起的北东拗陷区内。即北东向的吴川——四会断褶带与高要——惠来东西向拗褶带复合部位，受高要东西褶皱带的控制"[10]。

专家认为："区内出露的地层从古到新主要有寒武系 C 组；粤陶系下统缩尾岭群及中上统三尖群；泥盆系中统桂头组及老虎坳组，泥盆系上统天子岭组及帽子峰组；石炭系下统岩关阶孟公坳组及大塘阶石磴子段一测水段和石炭系中上统壶天群；……第四系第一阶地和现代河床沉积层。其中的泥盆系中统地层，广泛见于大湘口、鼎湖山北岭及羚羊峡一带，发育较好。自下而上可分为下部：桂头组与上部；老虎坳组。桂头组为一套河流——滨海相碎屑岩建造，局部见有海陆交替相的沙页岩互层。与下伏下古生界普遍为区域性角度不整合接触。桂头组可划分为上、下两亚组，端砚石的矿层仅产于下亚组的中段 $D_2g^{a (2)}$（地层代号，下同）。"[11] 砚石地质构造主要有三点：

## 一、褶皱构造

沿西江两侧，构成这一北东东——东西向褶皱带，其单元有：1. 小湘向斜；2. 北岭

---

[10] 高美庆著《紫石凝英：历代端砚艺术》，香港：香港中文大学文物馆，1991年版，第140页。
[11] 同上。

背斜；3. 肇庆向斜；4. 斧柯山短轴背斜。砚石矿层主要产于北岭背斜及斧柯山短轴背斜轴部桂头组下亚组（$D_2g^a$）中。"北岭背斜位于肇庆市北面，轴线东西——北东，岩层倾角一般在 35 度至 45 度。背斜轴部为下奥陶统，两翼由不整合与其上的中泥盆统组成，分布东至梅花坑——鼎湖山附近为断层所截。局部产状变化大，在断层附近使赋存的端砚层位受到严重破坏，矿层产生不连续，沿走向断续出现。宋坑、梅花坑、蕉园坑等北岭诸砚坑的砚石矿层产于该构造内。栏柯山短轴背斜，分布羚羊峡两岸，栏柯山一带，轴线呈东北东向展布，延长约 15 千米。岩层倾角一般为 15 度至 35 度，局部 45 度至 65 度。背斜轴部为寒武纪 Ec 组及中上奥陶统，两翼为不整合于其上的中泥盆统。在近轴部被东西向断层截至基底，属陡角度的断层。在翼部可见有低级的构造。如在老坑的顶板，曾见一低序次的挤压面附近，出现局部的岩层倒转和仰冲，伴生的裂隙很发育，破碎的岩层常见绿泥石、碳酸盐脉或团块充填，有时见石英脉穿插切割。端溪名砚的砚石就赋存于该背斜的北翼，是此区主要控矿构造之一。"[12]

## 二、断裂构造

主要有吴川——四会大断裂带通过本区。"对端砚矿层影响较大的断裂是端溪附近呈东西向的断裂，其次是北东向的断裂。这些主要是正断层或逆断层，其延长可达数千米以上，断距大，倾角陡，对矿层有不同程度的破坏，致使地层不连续，产状复杂。如在坑仔岩东侧旧坑附近，见一组北东 40 度的逆断层，倾向 310 度，倾角 65 度至 75 度，截断矿层，使旧坑的矿层与坑仔岩矿部位错断（断距约 10 米），并使矿层产生拖曳褶曲，裂隙非常发育。平行的裂隙，使岩层截成薄片；交角小的裂隙，角砾岩化显著，并被绿泥石填充，使矿层变成次品或无矿地段。"[13]

## 三、岩浆活动

区内岩浆分布极少，"仅砚坑一带见有零星分布的长石斑岩、花岗斑岩呈脉贯入，但对端砚砚石均无影响"[14]。

---

[12] 高美庆著：《紫石凝英：历代端砚艺术》，香港：香港中文大学文物馆，1991 年版，第 140 页。

[13] 高美庆著：《紫石凝英：历代端砚艺术》，香港：香港中文大学文物馆，1991 年版，第 141 页。

[14] 同上。

# 第三节　端砚石的矿床特征

什么是矿床？矿床就是地壳内在某一特定地质环境中所形成的适合开采利用、具备社会效益和经济效益的矿物堆积体，矿床是堆积体的统称。构成矿床的矿物堆积体应有一定的形态和规模，要符合国家或投资者制定的最低工业品位要求。就端砚石矿床而言，砚石就是矿物堆积体。其基本要求是：最小的矿体厚度大于 0.3 米，砚石质量达到三级要求，采出石料 20％以上能被选出作为制砚的原石。其特征表现在以下几方面：紫砚石矿是该区发生轻变质作用的泥盆纪地层中存在的含铁泥岩或含铁含砂的泥板岩，经退后生作用（表生成岩作用）后，赋存在地层浅部的含铁或含铁含砂的水云母岩。绿砚石矿是泥盆纪地层中的透镜状白云岩，矿体风化破碎后堆积在山坡或溪谷内，则构成坡积型砚石矿床。

根据在端溪矿区实测的地质剖面资料得知，赋存砚石矿的地层总厚度为 402 米，有 4 个赋矿层位，自下而上分别编号为Ⅰ、Ⅱ、Ⅲ、Ⅳ。其中Ⅰ号层位与Ⅱ号层位的间距为 142.7 米，Ⅱ号层位与Ⅲ号层位的间距为 41.8 米，Ⅲ号层位与Ⅳ号层位的间距为 150.1 米。经对比发现，各个矿区开采的砚石矿体基本上可以"对号入座"（见表 1）。以端溪矿区为例，Ⅰ号层位有老坑矿体，Ⅱ号层位有宣德岩矿体，Ⅲ号层位有坑仔岩和朝天岩矿体，Ⅳ号层位有麻子坑和冚罗蕉矿体。地质界为强调这套赋存端砚石矿床的地层，将它命名为"老坑段"。

表 1　各矿区赋矿层位对比表

| 矿区名称 | 赋矿层位号 | | | | | | | | | | |
|---|---|---|---|---|---|---|---|---|---|---|---|
| | I | | | II | | | III | | | IV | | |
| | 长度/m | 矿体数/个 | 矿体名称 | 长度/m | 矿体数/个 | 矿体名称 | 长度/m | 矿体数/个 | 矿体名称 | 长度/m | 矿体数/个 | 矿体名称 |
| 端溪 | 1300 | 1 | 老坑 | 200 | 1 | 古塔 | 1300 | 3 | 坑仔岩、朝天岩、宣德岩 | 500 | 2 | 麻子坑、蕉葍 |
| 西岸 | 1000 | 1 | 龙尾坑 | | | | | | | | | |
| 羚羊山 | | | | | | | 1700 | 1 | | 1900 | 1 | 有冻岩 |
| 典水 | 400 | 1 | 梅花坑 | | | | | | | | | |
| 北岭山 | 6500 | 3 | 外坑等 | 3000 | 3 | | 3500 | 3 | | 1000 | 4 | 梅花坑、伍坑、陈坑、盘古坑 |
| 蕉园 | | | | 1000 | 1 | | | | | | | |

引自凌井生著：《中国端砚——石质与鉴赏》，第 14 页。

砚石矿体的形态和规模受潜水含水层厚度和母岩的控制，大体上遵循母岩控制矿体的长度、潜水含水层厚度控制矿体深度的规律。从初步调查情况看，矿体空间形态大致呈不规则的板状，沿走向长度从数十米至 100 余米，沿倾斜方向深度一般为 50 米至 100 米。在低标高处当矿体潜水含水层厚度大时，一般矿体深度也较大。以老坑矿体为例，现在开采深度已达斜深 100 米。

矿体内部结构总体比较简单，只有个别矿区（如羚羊山）或矿区内的个别矿体（如九龙梅花坑）内部结构比较复杂，砚石之间常夹有砂质体。紫砚石与绿砚石在同一个层位，但不是所有紫砚石矿体上部都有绿端石，只有朝天岩、虎尾坑等矿体顶部有绿砚石矿。（图 2-3-1）

白端石的母岩形成了石炭纪，距今约 2.8 亿年至 3.5 亿年。即上述紫（绿）端石的母岩形成后，地壳下沉，肇庆变成大海，沉积了碳酸盐类，如石灰石、含镁的石灰石等，后期的地壳运动和变质作用使含镁的碳酸盐变成白云岩或白云质灰岩，这就是产于七星岩的白端石成因。

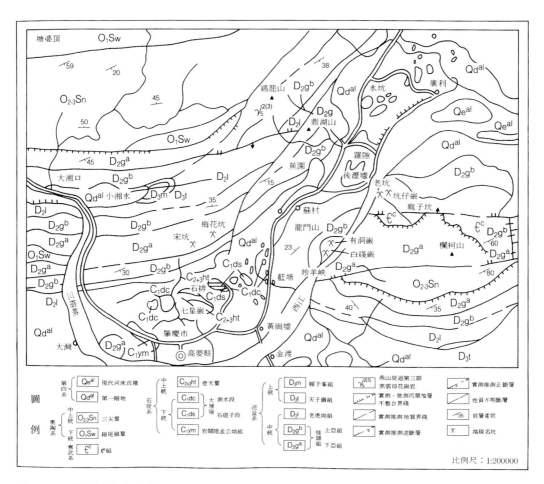

图 2-3-1　端砚矿区地质图

# 第四节　端砚石矿层与岩石特征

据地质专家叶尔康教授介绍，端砚石矿区内砚石矿层"主要赋存于北岭背斜和烂柯山短轴背斜的中泥盆统桂头组下亚组（$D_2g^a$）的中段（$D_2g^{a(2)}$）——含矿岩性段。该段厚度341.8米，地层特点是一套河流——滨海相碎屑岩建造。据岩性特征可划分出7个自然的韵律分层，各分层均有由下而上、由粗变细的规律，即沙岩——泥质岩。赋存砚石矿石共四层，分别产于7个韵律分层中的第1、5、6、7层上部的泥质岩中。呈似层状、层状、透镜状产出。厚度一般在0.2米至0.6米之间。赋存有限，层薄而少，时断时续。真正可选作优质砚材的约占10％—20％"[15]。

根据四个砚石矿层基本情况，现将第1矿层再作详细介绍："此层是砚材质量最佳的矿层，倾角不大（15度—30度），沿倾斜延深100米以上，长约200米至400米，在此范围内，为老坑的主要地段。沿走向岩相变化较大，矿层往西渐变为杂色的含铁质结核粉砂质页岩，往东则见青灰色泥质岩与条带状紫色含铁泥质岩互层。矿层垂直方向存在不同的岩性变种（含铁水云母页岩、泥质岩或泥质板岩），但其中以含铁水云母页岩为主。赋存的矿体分布很局限，可供利用的矿石仅占矿层10％左右，呈豆荚状、小透镜体产出，分散在具侵蚀较平坦的冲刷面之上，数目可达一至数个，单个矿体厚度甚薄，长约几米至

---

[15] 高美庆著：《紫石凝英：历代端砚艺术》，香港：香港中文大学文物馆，1991年版，第141页。

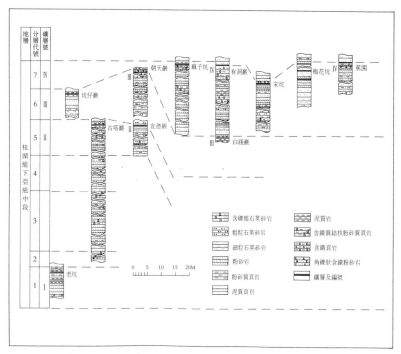

图 2-4-1　端砚石矿层赋存部位柱状对比图

十余米，它们常形成长度很有限（几米至几十米）的地段，可采厚度为 0.2 米至 0.6 米。"[16]

　　这种既薄又少、膨缩尖灭现象频繁的矿体，开采挖掘和选取优质砚材十分不易，可以想象昔人"千夫挽绠，百夫运斤"的采石之苦。专家说："矿体下部的灰色泥质岩见冲刷痕迹。具灰色、黑色的铁质条纹。矿体上部为紫色、紫灰色泥质岩，掺杂较多的粉砂和铁质成分，出现较多的岩性变种。在浅色层与紫色层交界面附近，沉积有多种多糅的石品花纹。"[17]（图 2-4-1）

　　如鱼脑冻、石眼、蕉叶白、青花、天青、火捺、玫瑰、冰纹和金银线等。绚丽多姿，十分名贵。古人赞之有云："端砚如风流艳妇，千娇妩媚。"从端砚石天然石品角度来看，第一矿层的特征是：外观青灰色稍带紫蓝色，石质细腻、娇嫩、致密而坚实。考察砚石的物理性质、化学成分、矿物组成、结构构造以及天然石品等方面，都非常适宜制作端砚。

　　端砚石地区可供作砚材的岩石，按其矿物成分、结构构造划分，大致有五个主要岩石种类和变种。

[16] 高美庆著：《紫石凝英：历代端砚艺术》，香港：香港中文大学文物馆，1991 年版，第 141 页。
[17] 同上。

一、含铁水云母页岩：主要赋存于老坑第 1 矿层的中下部，偶见于坑仔岩。

二、含铁质页岩：属含铁水云页母岩的变种。主要产于坑仔岩、麻子坑，其次是古塔岩和北岭。

三、泥质岩：主要见于老坑。

四、泥质板岩：为泥质岩的变种。主要分布于老坑和坑仔岩。

五、含粉砂泥页岩：主要分布于北岭宋坑一带，其次是端溪的坑仔岩和麻子坑。根据地质调查资料显示，"一般砚石的物理性质大致相同，颜色主要是深灰色、紫色，次为青灰微带蓝色。砚石主要是泥质结构，矿物呈隐晶质微粒，绝大多数粒径小于 0.01 毫米。颗粒间孔隙小，显孔率一般在 1％左右，饱和吸水率 0.34％至 0.59％（有个别石料比此数稍微多一些），所以吸水性和透水性都很微弱，有贮水不耗的良好性能。砚石的矿物成分主要是水云母及其他黏土矿物，不易氧化，化学性能相当稳定。颗粒细小、分布均匀，能使砚石保持柔和、细润如玉、磨之无声等特点。一般砚石中含有赤铁矿 3％至 5％，呈尘土状、微粒状和云雾状，粒径 0.01 毫米至 0.04 毫米，分布均匀，使石质刚而柔，软嫩而不滑，手抚砚石有清凉滋润之感，有利于研磨发墨。砚石内石英含量 10％至 20％，粒径均在 0.01 毫米至 0.05 毫米之间，分布均匀，使砚石表面光滑，保持湿润而不燥，发墨而不损毫。石英粉砂过多对研墨有害，一般认为砚石石英含量以 10％至 20％为宜。有的砚石（如老坑砚石）含有微量的碳酸盐，呈细脉状，形成美丽的花纹，是可贵的欣赏石材"[18]。"砚石的化学成分，据广东省地质矿产局七一九地质队对四个矿层选择有代表性的矿坑，按不同的砚石类型系统探样分析结果认为：基本石料的化学成分主要由 $SiO_2$、$Al_2O_3$、$Fe_2O_3$、$FeO$ 和 $K_2O_3$ 组成。其中 $SiO_2$ 与 $Al_2O_3$ 之比为 3:1，$Al_2O_3$ 与 $Fe_2O_3$ 之比大致亦为 3:1，$K_2O_3$ 大于 $Na_2O$，水溶盐分析小于 1％，属含铁水云母页岩，化学成分很稳定。除宋坑和蕉园坑的砚石 $SiO_2$ 偏高，$Al_2O_3$ 和 $Fe_2O_3$ 稍低外，其他层位变化不大。其中的石品花纹，主要与 $Al_2O_3$ 和 $Fe_2O_3$ 的含量稍有差别，继承了岩石中的成分，微量元素含量甚微，均不是异常值，不含放射性元素。"[19]

[18] 高美庆著：《紫石凝英：历代端砚艺术》，香港：香港中文大学文物馆，1991 年版，第 141 页。

[19] 高美庆著：《紫石凝英：历代端砚艺术》，香港：香港中文大学文物馆，1991 年版，第 142 页。

# 第五节　端砚石的岩石矿物学特征

　　端砚石矿区所处区域构造位置，是云开隆起东南上古生代沉降带边缘。根据地质专家介绍，"砚石层位主要赋存于中下泥盆统桂头群中段（地层代号为 $D_{1-2g}t^a$），端砚岩石在原生时为泥质岩、泥质页岩、含粉砂泥质岩、硅质铁质页岩等。但这些岩石受印支运动及燕山运动的影响，发生了轻度的变质作用，使岩石变质成为板岩和板状页岩，原岩的矿物成分和结构构造都发生了不同程度的变化。作为厚岩的主要矿物成分的水云母（占矿物总含量的85%—90%），经过变质作用变成了绢云母，原岩的结构原为泥质结构，在变质作用过程中由于发生了重结晶作用，变为显微鳞片变晶结构，局部地保留了原岩泥质结构的残余而成为变余泥质结构。岩石中矿物作紧密的定向排列，形成了平行构造和薄层状构造"[20]。在外观上，端石的颜色一般呈青灰色、深灰色和紫黑色。

　　据实验报告资料分析，"砚石的矿物成分主要是绢云母，占矿物总含量的85%以上，呈细小的或显微鳞片状集合体，在岩石中作定向分布，与含量少于5%的高岭土、硅质、炭质均匀地混合在一起，成为岩石中的主要矿物成分。次要矿物有赤铁矿，氢氧化铁通常占岩石矿物总量的3%—5%（某些岩石中可高达15%）；石英的含量少于5%（在泥岩中石英少至1%左右，在粉砂质板岩中则高达10%左右）；绿泥石占1%—3%；微量碳酸盐类矿物，如电气石、金红石、锆石和黄铁矿含量均少于1%，主要矿物颗粒大小

---

[20] 高美庆著：《紫石凝英：历代端砚艺术》，香港：香港中文大学文物馆，1991年版，第137页。

图 2-5-1　水云母鳞状

图 2-5-2　白石石英碎屑

一般为 0.01 毫米至 0.03 毫米，个别矿物稍大，粒度为 0.05 毫米至 0.1 毫米。经过轻度变质作用，端石原岩被改造成为具有上述岩石学特征的板岩、板状页岩"[21]。从砚石材料所要求的优质异性能角度来看，它具有原岩无可比拟的物理、化学性质。（图 2-5-1、图 2-5-2）

[21] 高美庆著：《紫石凝英：历代端砚艺术》，香港：香港中文大学文物馆，1991 年版，第 137 页。

# 第六节　端砚石的物理化学特征

## 一、端砚石颜色

总体而言，端砚石的石色大致有紫色、绿色、白色、黑色和红色。其中最常见的有紫端石、绿端石和白端石三种。下面就此三种石色作简介：

1. 紫端石

紫端石的基本色调为紫色，其致色矿物为铁矿物，包括红色赤铁矿和黑色磁铁矿、褐色褐铁矿、绿色绿泥石以及未完全氧化的黄色菱铁矿等。因为铁矿物分布不均匀，组合比例不同，导致砚石颜色深浅不一，浓淡有别，有的显蓝，有的呈青，有的色灰，有的色如猪肝等。因环境条件不同，粗面和光面之石色又有差别，使紫端石的颜色在紫的基调上千变万化，可谓色彩斑斓。随着砚石中铁矿物含量减少，砚石的石色趋向灰色且显单调。

2. 绿端石

宋代书法家米芾《砚史》载："绿石带黄色，亦为砚。多以为器材，甚美。而得墨快，少光彩。"[22]绿端石主要由白云石组成，次为水白云母、石英碎屑、磁铁矿、方解石等矿物。"白云石为碳酸盐类矿物，化学分子式：$CaMg(CO_3)_2$。灰白色，常因含杂质而显绿色。有时在绿色基调背景下显浅黄、浅褐色，硬度 3.5—4，密度 2.8—2.9$g/cm^3$。绿石中白云石呈微晶等粒状，粒径 0.01 毫米以下，水云母、磁铁矿、石英、方解石充

[22]《端砚大观》编写组编：《端砚大观》，北京：红旗出版社，2005 年版，第 105 页。

填在白云石颗粒间。绿端石中氧化镁（MgO）含量占15％，氧化钙（CaO）15％，二氧化硅（$SiO_2$）30％，三氧化二铝（$Al_2O_3$）11％，三氧化二铁（$Fe_2O_3$）4％，氧化亚铁（FeO）3％，氧化钛（$TiO_2$）0.3％。绿端石氧化后常形成木纹、同心纹以及黄红色石皮，有很强的观赏性。"[23]

### 3.白端石

白端石，古人又称白石，是制作端砚的砚材之一。

白端石产于肇庆七星岩石牌村附近石山，地质图上称为"壶天灰岩"。经鉴定，白端石属碳酸盐岩，为准同生泥晶粉晶——白云岩。岩石呈白色或浅灰白色，主要矿物成分中，白云石占98％，方解石占2％。化学成分中，CaO占30.37％，MgO占20.87％，$Al_2O_3$占0.12％，$Fe_2O_3$占0.11％，$SiO_2$占0.83％，MnO占0.005％，$K_2O$占0.025％，$Na_2O$占0.06％，$SO_3$占0.03％，$P_2O_3$微量，酸不溶物1.065％。[24]

## 二、矿物成分

组成紫端石的矿物主要是黏土矿物类的水白云母以及由水白云母变质的绢云母，还有少量的铁矿物、高岭石和石英碎屑。铁矿物主要为赤铁矿，其次为磁铁矿、菱铁矿、绿泥石及褐铁矿等。砚石中含少量的白云母碎片、长石碎屑、锆石、电气石、金红石等。[25]

凌井生教授《中国端砚——石质与鉴赏》一书中对紫端石、绿端石等重要矿物成分作过详细介绍，现摘录如下：

### 1.水云母

属类似于云母的黏土矿物，又称伊利石，化学式为$KAL_2[(Al,Si)Si_3O_{10}(OH)_2 \cdot nH_2O]$。白色，有珍珠光泽，有滑腻感。肉眼和显微镜无法分辨，人们通常称为黏土矿物或泥质。在电子显微镜下观察，其形态为鳞片状。片径0.005毫米至0.025毫米，水云母是白云母的水化产物，即水化了的层状构造矿物，颗粒非常细，含有结构水和吸附水，是富水的矿物，这些特性导致端砚石含水，石质细腻、娇嫩、滋润，所以，端砚石中水云母量的多少，决定砚石的优劣，是划分砚石等级的重要指标。

---

[23] 凌井生著：《中国端砚——石质与鉴赏》，北京：地质出版社，2003年版，第19—21页。

[24]《端砚大观》编写组编：《端砚大观》，北京：红旗出版社，2005年版，第11页。

[25] 凌井生著：《中国端砚——石质与鉴赏》，北京：地质出版社，2003年版，第17页—19页。

2. 绢云母

砚石中的绢云母是水云母变质而来的，化学式为 $KAL_2[(AlSi_3O_{10})(OH)_2$，绢云母常与水云母伴生在一起，很难估计其含量，含量高时砚石呈丝绢状白色，绢云母比水白云母稍粗，一般为 0.01 毫米，在光学显微镜下可以分辨出来，硬度 2.5—3，绢云母强烈的丝绢光泽使人觉得砚石有蒸汽挥发。绢云母是鱼脑冻、蕉叶白、冰纹、冰纹冻等石品的主要矿物成分。

3. 石英

组成砚石的重要矿物成分之一。其化学式为 $SiO_2$，硬度是 7，是摩氏硬度计中的标准硬度矿物，比重 2.56—2.66。石英为碎屑状，是砚石最初沉积时的混入物，大部分粒径在 0.01 毫米左右，也有 0.2 毫米甚至更粗一点的，有条状、棱角状的，亦有浑圆的。石英含量的多少，是衡量砚石石质的重要指标。

4. 赤铁矿

组成砚石的重要矿物成分之一。赤铁矿，又称红铁矿、赭石。化学式为 $Fe_2O_3$，含铁 70%，晶体颜色为铁黑色——钢灰色。土状或粉末状为赭红色。硬度为 3 左右，比重为 5—5.38。砚石中的赤铁矿为褐红色、微粒状、尘土状的雾状，粒径在 0.01 毫米以下，少量在 0.03 毫米左右。

5. 磁铁矿

端砚石的主要铁矿物之一。化学式为 $Fe_3O_4$，其中 FeO 占 31%，$Fe_2O_3$ 占 69%。呈铁黑色，硬度 5.5—6，比重 4.8—5.3，有磁性，可被永久磁铁吸引。磁铁矿表面闪蓝光。砚石中磁铁矿与赤铁矿共生，呈微粒状、粉末状，粒径小于 0.01 毫米。在不同的氧化还原条件下，可与赤铁矿相互转化。

6. 褐铁矿

是含二价铁（$Fe^{2+}$）的黄铁矿、菱铁矿、绿泥石等铁矿物的氧化物。化学式为 $Fe_2O_3 \cdot nH_2O$，含铁 30%—40%，呈黄褐色或深褐色。

7. 黄铁矿

又称硫铁矿。浅黄铜色。出现于石品花纹内，而且很难发现，因为绝大部分已氧化

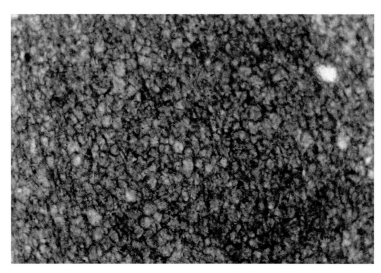

图 2-6-1　显微镜下绿石中的白云石显示为等粒状

为褐铁矿。化学式为 $FeS_2$。

8. 菱铁矿

仅局部出现于砚石内。化学式为 $Fe[CO_3]$，呈粒状集合体，浅褐色，硬度 3.5—4.5，常与绿泥石共生，在氧化环境下易转变为褐铁矿。

9. 绿泥石

化学式为 $(Fe，Mg)_3(Fe^{2+}，Fe^{3+})[AlSi_3O_{10}](OH)_8$。常与其他铁矿物组成集合体，如五彩钉。矿物呈微晶状、深灰——黑色，富镁时为瓶绿色，硬度为 3。

10. 铁白云石

化学式为 $Ca(Mg，Fe)[CO_3]_2$。一般呈细脉状，玻璃光泽，呈白色或灰白色。硬度为 3.5。在氧化环境下矿物表面容易氧化成氧化铁。

11. 高岭石

化学式为 $(Al_2Mg_3)[Si_4O_{10}][OH]_2·nH_2O$，为富水的黏土矿物。以白色为主或带浅红、浅绿、浅黄、浅褐、浅蓝等色，硬度接近 1，甚软，摸之有滑感，颗粒非常细，很难辨认。以翡翠等泥团中比较多见。

12. 钛矿物

是砚石中的微量矿物，有钛铁矿和白钛石。

13. 白云母

呈碎片状，粒径小于 0.1 毫米，硬度 2.5—3，是砚石中的碎屑物之一。

## 三、化学成分

紫端石主要有硅、铝、铁、镁、钾及微量的钙、钛、钠、磷等组成氧化物。其含量分别为：二氧化硅（$SiO_2$）58.66%—65.22%；三氧化二铝（$Al_2O_3$）15.67%—19.88%，三氧化二铁（$Fe_2O_3$）4.04%—7.49%，氧化亚铁（$FeO$）0.71%—2.03%，氧化镁（$MgO$）1.83%—3.37%，氧化钾（$K_2O$）4.84%—6.14%，氧化钠（$Na_2O$）0.13%—0.24%，二氧化钛（$TiO_2$）0.78%—0.81%，氧化钙（$CaO$）0.13%—0.24%，五氧化二磷（$P_2O_5$）0.08%—0.20%，氧化锰（$MnO$）0—0.09%），砚石中含硫酸根 0.01%—0.02%，灼失量 3.29%—4.32%，水溶盐 1% 以下。$Fe_2O_3$ 与 $FeO$ 的比值为 1：2.28—10.55。上述数据表明，端砚石为富铝的硅酸盐。除富铝外，还富铁、富钾、贫钙，$Fe_2O_3$ 大于 $FeO$，$K_2O$ 大于 $Na_2O$。砚石的灼失量 3.29%—4.32，表明水的含量比较高。（图 2-6-1）

## 四、物理参数

内容包括硬度、容重（体积质量）、显孔隙率、饱和吸水率、抗压强度、抗剪强度等，测试结果如下：

硬度：2.8—3.5，容重（体积质量）：2.7—2.82（$g/cm^3$），显孔隙率：0.93%—3.49%，饱和吸水率：0.36%—0.59%，抗压强度：660—1154（$kg/cm^2$），抗剪强度：181—212（$kg/cm^2$）

从上述测试数据，可以看出紫端石的如下物理特征：

1. 硬度适中，比墨条的硬度（2.2—2.4）稍硬，但比刻刀的硬度（约 5）低 1 倍左右。使得端砚下墨快，易雕刻。

2. 显孔隙率小、饱和吸水率低，说明砚石的矿物颗粒细、间隙小，开型或小开型裂隙不发育，使砚石蓄水不涸。

# 第三章

# 端砚石资源分布

端砚石产于肇庆市东郊西江羚羊峡以东之斧柯山、对岸羚羊山以及城区北郊的北岭山山脉。砚坑分布范围215平方千米，呈东西向，长33千米，宽6.5千米。行政上分别归属于肇庆市端州区、鼎湖区和高要区。

根据各产地所产砚石和历史上形成的称呼习惯，砚石工匠将上述产地分别称为端溪矿区、西岸矿区、羚羊山矿区、北岭山矿区、蕉园矿区和典水矿区。

自唐代以来，端州石工发现并开采的砚石坑洞共70余个，但大部分坑洞已挖掘枯竭，至今仍能开采到砚石的坑洞不足10个，能用于制砚的石材更少。因此端砚石资源非常稀有、珍贵。

# 第一节　斧柯山独特优美的自然环境

斧柯山位于肇庆市东郊西江羚羊峡之东南麓，这里蕴藏着制作砚台的最佳原料，质地细腻娇嫩，非常易于研墨。宋代苏易简《文房四谱·砚谱》中所提及的端溪，"在1996年出版的1：25000地形图上，称为'砚坑'，而斧柯山则在旗顶的北西侧，现为无名山头"[1]。站在斧柯山山头，远眺滔滔西江水从羚羊峡口咆哮穿峡而过，滚滚东流汇入珠江。（图3-1-1）

羚羊峡，因其入口狭窄而得名。自古以来就是粤桂及大西南地区重要的水上交通运输枢纽，乃兵家必争之地。传说鼎湖山开山师祖憨祖和尚来到此地赞叹不已，原拟于在斧柯山上建寺，后因羚羊峡谷江深水急，来往不便，才在鼎湖山兴建"庆云寺"。每年秋冬之际，江水清澈，平静如镜。远近闻名的端州八景之"羚峡归帆"就在此间。每当夕阳西照，羚羊峡江中波光帆影，水天一色。极目远眺，南北两岸崇山峻岭，峰峦耸峙，山水辉映。奇俏秀丽，风景如画。斧柯山"受覆盖层之压延，地力之蕴热，吸日月之光耀，经风雨之滋露"[2]，从而孕育出石质密实、细腻、滋润，且能"呵气研墨"的端砚石材，这是大自然的精妙杰作。

端溪砚坑，位于西江羚羊峡口以东的斧柯山上，老坑、坑仔岩、麻子坑、宣德岩、

---

[1] 凌井生著：《中国端砚——石质与鉴赏》，北京：地质出版社，2003年版，第9页。
[2] 程明铭著：《中国歙砚大观》，北京：北京大学出版社，2012年版，第29页。

图 3-1-1　羚羊峡峡口　　　　　　　　　　　　图 3-1-2　羚羊峡江道风景

山罗蕉、朝天岩等名贵砚石就出产于此。此地属于"国宝级"端砚石产地。砚坑附近重岩叠嶂，郁郁葱葱，鸟语花香，茂林修竹。每到春夏之际，云雾弥漫，变幻莫测，端溪水沿蜿蜒小溪潺潺流淌，汇入西江。历代高官贵族、文人墨客，每到此地感触万千，写下了大量著书论述或诗词歌赋，现摘录几首如下。

初唐时期文人墨客就对斧柯山的地理环境赞不绝口，诗人沈缙冢（656—715）在《峡山寺赋序》中写道：

"峡山寺者，名隶端州，连山夹江，颇有奇石。飞泉回落，悉从梅、竹下。过渡口，至山顶，石道数层，斋房浴室，渺在云汉……"[3]（图 3-1-2）

中唐时曾任虞部员外郎，睦、郢二州刺史的许浑（788—832）在去新州（今广东新兴县）乘官船途经西江时，被羚羊峡斧柯山一带的山水景色所陶醉，即作诗道：

"密树分苍壁，长溪抱碧岑。海风闻鹤远，潭日见鱼深。松盖环清韵，榕根架绿阴……"[4]

宋代诗人范祖禹得苏轼"赠涵星砚"后，即写下《子瞻尚书惠涵星砚月石风林屏赋十三韵已谢》诗道：

"端溪千仞涵明星，虢山木古藏阴灵。苏公赠我此二宝，使我坐卧瞻云屏。"[5]（图3-1-3）明代著名理学家陈献章，广东新会（今属广东）人，明英宗正统十二年（1447）举人，官后以奉养父母告归，居故乡白沙里，途径西江羚羊峡斧柯山时触景生情，写下

[3]肇庆市端州区地方志编纂委员会编：《肇庆市志》，广州：广东人民出版社，1996年版，第786页。
[4]《端砚大观》编写组编：《端砚大观》，北京：红旗出版社，2005年版，第301页。
[5]《端砚大观》编写组编：《端砚大观》，北京：红旗出版社，2005年版，第320页。

图 3-1-3　斧柯山风貌　　　　　　图 3-1-4　斧柯山端溪水潺潺流淌

了《过端溪砚坑》诗一首："峡云锁断端溪水，白鹤群飞峡山紫。独怜深山老鸲鸪，万古西风吹不起。安得猛士提千钧，乱石溪边夜捶碎。"[6]

清代曾历任湖广、两广、云贵总督及体仁阁大学士的阮元酷爱收藏端砚，在两广任职时，他多次从羚羊峡坐船去斧柯山考察开坑采石情况，感慨万千，即作《羚羊峡（峡东即端溪砚洞，今有水，不令开凿）》诗云："五羊仙人来何处？必从此峡骑羊去。万羊化石埋紫云，石角无痕著岩树。端州砚匠巧如神，水洞磨刀久迷路。诗砚皆无迹可寻，非仙哪得知其故。"[7]（图 3-1-4）

由于斧柯山上分布着各种砚石资源，古人曾把此山称作"宝山"，有诗云："宝山谁肯空手回，排比家珍玫与瑰。凿破三山吾不称，羚羊倒峡待君来。"[8]

---

[6]《端砚大观》编写组编：《端砚大观》，北京：红旗出版社，2005 年版，第 333 页。

[7]《端砚大观》编写组编：《端砚大观》，北京：红旗出版社，2005 年版，第 365 页。

[8] 李护暖著：《历代端砚诗赋广辑及注释》，广州：岭南美术出版社，2011 年版，第 222 页。

# 第二节　砚坑分布范围

根据地质专家提供的勘探资料介绍，端砚石矿床集中分布在肇庆城郊的北岭山、羚羊山、斧柯山砚坑，即端溪、西岸、蕉园、典水等地，行政上分别归属于端州区、鼎湖区和高要区，矿区到城区的最短距离约 5 公里，最远距离约 30 公里，"砚坑"分布范围约 215 平方千米，呈东西向，长 33 千米，宽 6.5 千米。（图 3-2-1）

根据各产地所产砚石的质量和历史上形成的称呼习惯，人们将上述产地分别称为：端溪矿区、西岸矿区、羚羊山矿区、北岭山矿区、蕉园坑矿区和典水矿区。下面作简要介绍：

图 3-2-1　端溪砚坑览胜图

图 3-2-2　端溪矿区

图 3-2-3　西岸矿区

## 一、端溪矿区

该矿区砚石出自羚羊峡以东斧柯山一带。南以砚坑为界，北至桃村鸟岗山，西以西江为界，东到杨梅坑附近。"矿区呈北西向的长方形，长 3 千米，宽 1.5 千米，面积为 4.5 平方千米。该区地形复杂，分水岭呈北西—南东向，较高处为望天岩和旗顶（或称苏大力顶），标高分别为 465 米和 487.2 米，砚石矿出露在分水岭的西南坡。"[9]端砚最优质的砚石主要集中在这一带，共 20 余处，主要砚坑有：老坑（又称水岩、皇岩）、坑仔岩、麻子坑、罗蕉、古塔岩、绿端、朝天岩、宣德岩等。此处绵延数公里，山清水秀，端溪水自砚坑村山背潺潺流淌，从南向西北逶迤注入西江。（图 3-2-2）

## 二、西岸矿区

西岸矿区属鼎湖区沙浦镇管辖，邻近自然村——西岸村，因此称西岸矿区"矿区在斧柯山北坡至山尾坑之间。长 1.8 千米，宽 1.2 千米，面积约 2 平方千米，其西侧与'端溪矿区'仅一山之隔"[10]，史书上称"老苏坑"，现在端砚行内又称为"斧柯东"。据史料记载，西岸矿区从宋代就开始采砚石，20 世纪 90 年代发现和开采各类新旧砚坑达

---

[9] 凌井生著：《中国端砚——石质与鉴赏》，北京：地质出版社，2003 年版，第 11 页。

[10] 凌井生著：《中国端砚——石质与鉴赏》，北京：地质出版社，2003 年版，第 12 页。

羚羊山

图 3-2-4　羚羊峡矿区

10 余处。主要砚石有：仿麻子坑、沙浦大西洞、大坑头、打木棉蕉、文殊坑、青蛇岩等。该区砚石石质比较好，甚至能与"端溪矿区"的砚石相媲美。其中绿端石不但石质好、黄瞟颜色鲜艳，而且产量大。该区曾是大批量生产实用型端砚的采石地。（图 3-2-3）

## 三、羚羊山矿区

该区位于西江羚羊峡西岸。"最高处称'龙门顶'，海拔 615 米，砚石矿山露在羚羊山东坡、龙门顶与西江之间，长约 2.8 千米，宽 0.7 千米，面积约 2 平方千米。区内有砚石坑 10 余处。"[11] 该区砚坑有龙尾青、木棉坑、白线岩（内有二格青、红石、青石）、冻岩、朝敬岩等。石质细腻，石品花纹丰富。（图 3-2-4）

## 四、北岭山矿区

该矿区位于肇庆城区以北约 5 公里处的北岭山南坡。据清代黄钦阿《端溪砚史汇考》载："宋时，水岩未开，皆于七星岩北将军岭下名为将军坑者取石。"矿区为呈东西向的长方形，西至西坑，东至九龙坑，即肇庆学院附近，长 7.5 千米，宽 1.5 千米，面积约 11 平方千米。据不完全统计，区内共有砚石采坑 20 余处[12]。主要有：蒲田青

---

[11] 凌井生著：《中国端砚——石质与鉴赏》，北京：地质出版社，2003 年版，第 12 页。
[12] 同上。

图 3-2-5　北岭山矿区

图 3-2-6　典水矿区

花榄坑、盘古坑、陈坑、伍坑、东岗坑、前村坑、梅花坑等。此外，在邻区还有小湘绿端。（图 3-2-5）

## 五、蕉园坑矿区

该矿区位于北岭山东段，与鼎湖山自然保护区相邻，历史上统称"宋坑"，因其砚石细腻带眼而有"有眼宋坑"之称。矿区面积约 3 平方千米，区内有旧砚坑 4 处，包括蕉园梅花坑、有眼宋坑、彩带宋坑、锦云坑等。不过，其石质与北岭山矿区的砚石有较大差别，较粗糙，且带有黄裂痕线等。

## 六、典水矿区

其矿区位于鼎湖区沙浦镇典水圩以南约 2 千米的笔架山北坡。矿区面积约 2 平方千米。该地域有梅花坑坑洞多处，出产的砚石较粗糙，但石眼比其他梅花坑石眼多或大。[13]由于该坑处于典水村一带，又称"典水梅花坑"。（图 3-2-6）

---

[13]凌井生著：《中国端砚——石质与鉴赏》，北京：地质出版社，2003 年版，第 13 页。

# 第三节　历代名坑概述

## 一、历史名坑

### 1. 老坑

老坑砚石产区位于端溪矿区内，洞口离西江岸边约 150 米，是端溪矿区位置最低的矿体，砚坑一侧依山傍水，端溪水从山脚下涓涓流过，汇入西江。老坑（水岩）洞口地势低，水文条件差，西江水上涨时，连洞口一并淹没，每到干旱季节，洞内仍灌满积水，古人谓之"泉生石中"。由于开采砚石年代久远，历史较长，故称为"老坑"。但这与人们所称新坑、旧坑完全不同，同时又因老坑洞内长年受泉水浸泡，世人称之为"水岩"。后来从老坑洞采出来的砚石经过雕刻，供皇帝专用，人们又称之为"皇岩"。

老坑，在唐代早期就已开坑取石，历代砚著论述等文献中都有过记载。历经宋、元、明、清，断断续续开采了 1000 余年。清光绪十五年（1889）两广总督张之洞亲自批准当地砚工开采老坑砚石，这是清代最后一次有记载的有计划、有组织、有规模的开采老坑，而距 1972 年重新开采老坑石相隔 83 年。（图 3-3-1、图 3-3-2）

老坑有新旧两个洞口，旧洞口高约 1 米，内分大西洞和水归洞。老坑洞斜深 100 米左右，该坑自唐开采以来曾多次塌方，清末停止开采。至"1972 年由肇庆市工艺厂开采。1976 年由原国家轻工业部投资在旧洞口以东 30 米处另开新洞口接入，洞高 1.82 米，

图 3-3-1　端溪老坑旧洞口遗址　　　　　　　　　图 3-3-2　端溪老坑旧洞口遗址细节

宽 1.8 米，安装有轨道翻斗车，用于运石料"[14]。据测量，"新坑口标高 20 米，地下已形成一个连续的长 200 多米、斜深约 100 米的采空区，最深处在海平面以下 56.87 米，运输洞口往下垂深 76.81 米，相当于西江正常水位（约高 5 米标高）以下 61.87 米。矿体厚度约 0.8 米，优质石肉厚度约 0.03 米。20 世纪 90 年代，大西洞和水归洞已连成一片"[15]。老坑洞位于西江水平面以下，每年到枯水季节方可抽水采石。

老坑经过 10 多年的开采，大西洞与水归洞工作面已形成一个庞大的采空区。"大西洞的采石工作面，恰似一个低矮的大厅堂。有近 40 平方米的面积，但高低不一，最高处约 2.2 米，人可以站立，最低处 1.2 米，采石工要席地而坐，挥锤凿石。"[16]（图 3-3-3）

据采石师傅介绍，"水归洞全长 117 米，洞口与洞底高差 30 米，也就是说，洞口低于西江河床。水归洞虽然采出的砚石不多，但石质细嫩、滋润，石色紫蓝适中"[17]。由于老坑砚石的受力特点是不抗震、不抗击，所以开采老坑砚石仍然使用较原始的、传统的手工开采方法。凡是震动较大，冲击和撞击力较重的机械设备，都不能用于开采老坑石，更不能用炸药爆破，如果使用这些设备将会对老坑砚石造成破坏。

[14] 柳新祥著：《中国名砚·端砚》，长沙：湖南美术出版社，2010 年版，第 37 页。
[15] 柳新祥著：《中国名砚·端砚》，长沙：湖南美术出版社，2010 年版，第 38 页。
[16] 柳新祥著：《中国名砚·端砚》，长沙：湖南美术出版社，2010 年版，第 37 页。
[17] 柳新祥著：《中国名砚·端砚》，长沙：湖南美术出版社，2010 年版，第 50 页。

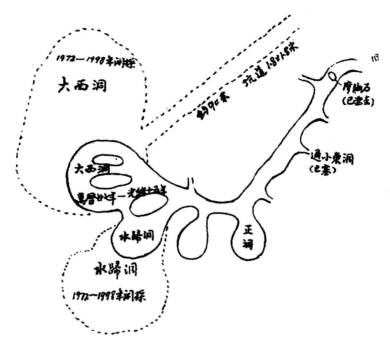

图3-3-3　20世纪90年代端溪老坑采石位置图（刘演良绘）

　　开采老坑的时间一般在每年的农历十一月至十二月，要开采砚石，必须先要做好采石准备工作，先是电动排水（古人所谓汲水），把洞内的积水排干后，再清理软泥石屑，修理石道，整治采石工作面，以防止坑洞塌方，这些前期工作完成后，石工才能进洞采石。大约到翌年五月"龙舟水"到的时候，西江河水上涨，洞内大量渗水，老坑洞就不能开采了。因此，开采老坑洞的时间每年多则五个月，少则三个月而已。"由于大西洞和水归洞都在西江河床之下，终年积水，水气、湿度都很大，采石工人每天只能工作五六小时便要离开采石工作面"[18]，工作非常艰辛。老坑洞内砚石厚度，最厚层在40厘米至60厘米左右，有时则为10厘米至30厘米不等。每年采到的大西洞和水归洞佳石甚少，运回家后再除去废石、维料（即选料）及制作过程中的损耗，刻制成砚者更是少之又少，而特别优质的，如有石眼、鱼脑冻、蕉叶白、青花、火捺百中存一，千斤之中可能只有几件而已。

　　从石色而言，尽管大西洞与水归洞在老坑洞内，分支走向不同，石脉又同出一辙，但细心审视，其两种砚石石色还是有微小差异的。大西洞石色在青灰色中微带紫蓝色而偏蓝，水归洞则在青灰色中微带紫蓝色而偏紫。大西洞之冰纹似乎多些，水归洞则相对少些。两洞砚石主要石品花纹有冰纹、金线、银线、青花、火捺、天青、蕉叶白及名贵

[18] 柳新祥著：《中国名砚·端砚》，长沙：湖南美术出版社，2010年版，第51页。

图 3-3-4　老坑洞口遗址　　　　　　　　　图 3-3-5　坑仔岩开采洞口及封坑后的情景

的石眼等。出自大西洞砚石中的鱼脑冻是最好的，砚石最娇嫩、最为珍贵，也是老坑（水岩）所独有的。（图 3-3-4）

鉴于老坑资源已接近枯竭，开采难度大，为了让这一"国宝"得以保护，造福子孙后代，肇庆市人民政府于 2000 年发文封坑禁采。2002 年广东省人民政府公布了端溪老坑洞为省级文物保护单位。

2. 坑仔岩

坑仔岩又称"康子岩"，位于老坑洞以南半山之上，距老坑洞约 600 余米。坑仔岩新开的洞口标高为 125 米。据相关史料记载，自宋治平年间开采至今，历代均有开采。相传，清咸丰年间因采砚石时洞内大面积塌方，造成大量伤亡而封坑。

"1978 年，坑仔岩旧洞口停采 100 多年后重开"[19]，但旧洞口因多次开采塌方，石块与石屑淤塞其中。经地质部门测定，如果从原洞口进出不符合安全要求，必须重新打出一条通道才能进去开采。"为了避开断层，采石工在离旧坑口不远处新开凿一条高度和宽度为 1.8 米、长 90 多米的坑道，与原坑仔岩采石工作面相连接。斜深 70 多米。砚石矿体厚度约 0.8 米，采出了大批优质的坑仔岩砚石。至 1990 年，采空区深度超过 300 米，工作面有 600 平方米，至 2000 年优质坑仔岩砚石已基本采空。"[20]2004 年肇庆市政府发文封闭了坑仔岩坑洞。（图 3-3-5）

[19] 柳新祥著：《中国名砚·端砚》，长沙：湖南美术出版社，2010 年版，第 55 页。

[20] 柳新祥著：《中国名砚·端砚》，长沙：湖南美术出版社，2010 年版，第 57、58 页。

图 3-3-6　麻子坑旧洞口　　　　　　　　　　　图 3-3-7　麻子坑新洞口

　　坑仔岩砚石质地优良，坚实滋润，手感柔滑、细腻，但坑仔岩砚石不像老坑或麻子坑石色那样五彩斑斓，其颜色花纹均匀。据《高要县志》载，"坑仔岩砚石不分层，凝结成团，……胜西洞，有青花、蕉白及蕉白内藏青花，似大西洞，而略带微红"[21]。又据清代何传瑶《宝研堂辩》载，"坑仔岩色微紫，质略细、无天青。其蕉白、鱼脑冻之细嫩者甚似大西洞，然嫩而不化，如以粉末成者"[22]。

　　坑仔岩是端溪名坑中的高级砚材，其石品花纹中尤以石眼多著称。其石眼色翠绿（间有黄色），有的作七八重晕，黑睛活现，形似鸟兽之眼，十分稀有珍贵。

　　3. 麻子坑

　　麻子坑位于老坑洞之南约 4 千米处，洞口在山腰上，距山脚的端溪水约 600 米。该处山坡陡峭，山路崎岖险峻，要到麻子坑洞口，还要经过险峻的"天梯"，攀登不易，上下困难。麻子坑有水坑和旱坑之分，令人称奇的是，两洞口相隔不过 5 米，水坑在下，终年浸水，洞内泉水从岩壁不断浸出。旱坑在上，亦为"泉生石中"，不过积水时间比水坑稍短。

　　相传清乾隆年间，麻子坑被黄岗一位脸上长有麻子的陈姓采石砚工发现并开采，后人为了纪念他，将他发现的砚坑取名为"麻子坑"。（图 3-3-6、图 3-3-7）

　　麻子坑断续开采约 240 多年后因塌方淤塞而停采。1962 年肇庆工艺厂获得开发权，

[21]柳新祥著：《中国名砚·端砚》，长沙：湖南美术出版社，2010 年版，第 57 页。
[22]同上。

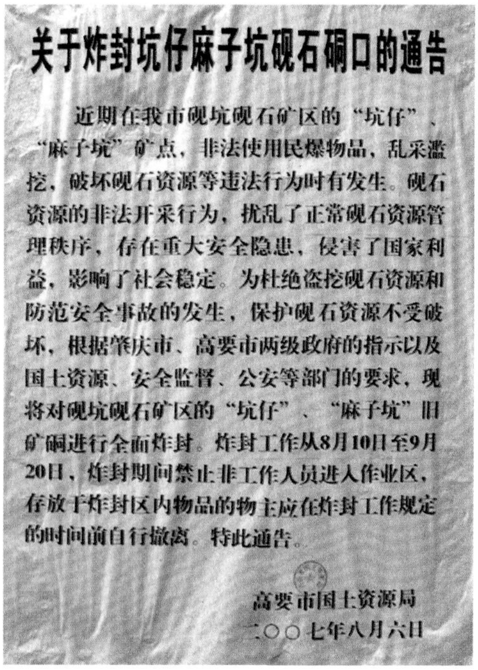

图 3-3-8　麻子坑封坑告示

正式开坑，也是政府恢复端砚生产后最早开采的坑口。清代"麻子坑洞内坑道低矮，平均只有 80 厘米至 90 厘米的高度和宽度，很多地方要匍匐而过。重新开采后，采空区长超过 200 米，工作面超过 500 平方米，斜深 50 米，矿体厚度约 60 厘米，优质石肉不足 30 厘米，旱洞、水洞已连通，优质砚石已很少。1990 年麻子坑水坑和旱坑停止了开采"[23]，后来，有私人承包开采，在麻子坑的周围开凿了十多个新洞穴。在坑洞内配上发动机用以照明、抽水和通风，先后采出了大量砚石，其中不少佳石。之后，肇庆市政府强化了对砚石资源的管理，封闭了麻子坑坑洞。（图 3-3-8）

　　麻子坑砚石质地高洁，优质的麻子坑石可与老坑石媲美，如果不细看，很容易与老坑石混同。麻子坑石中有鱼脑冻、蕉叶白、青花、火捺、猪肝冻、金线、天青冻及石眼等石品花纹，尤其石眼多碧绿，有瞳子、鸲鹆眼、鹦哥眼等佳眼。眼中有晕，且作数重，麻子坑砚石层次清晰，石工以石分三格（或称三层），砚石色泽为青紫色略带蓝色，以水湿之观察，色彩丰富斑斓。

　　4. 宣德岩

　　宣德岩坑开采于明代宣德年间，故得名。其位于斧柯山龙岩之上，"呵气即泽，贮水不涸，石品有蕉叶白、青花、碎冻亦有眼"[24]。宣德岩之佳石与麻子坑、坑仔岩石不相伯仲。但其砚石有较多断脉，佳石也不多，且开采难度大，早已停止开采。（图 3-3-9）

　　5. 朝天岩

　　朝天岩开采于清康熙年间，位于宣德岩附近，麻子坑东北角。由端溪水拾步登麻子坑，

[23] 柳新祥著：《中国名砚·端砚》，长沙：湖南美术出版社，2010 年版，第 54 页。

[24] 柳新祥著：《中国名砚·端砚》，长沙：湖南美术出版社，2010 年版，第 56 页。

图 3-3-9　宣德岩坑洞远景图　　　　　　　　　图 3-3-10　朝天岩洞口

朝天岩是必经之路，而且两边距离相当。朝天岩洞不深，洞内宽敞，因洞口大且朝天而开，故名"朝天岩"。清代朱彝尊《说砚》载："朝天岩在水岩之南，产石曷（易）与水岩混，亦有虫蛀，有玉带纹，有金线。"[25] 的确，朝天岩砚石质地细腻，石色呈紫蓝色，石中有青苔斑点，这是朝天岩独有特征之一。（图 3-3-10）

　　6. 冚罗蕉

　　冚罗蕉，位于端溪麻子坑下方，与朝天岩、宣德岩属于同一石层，开采于明代，后一度停采。"20 世纪 80 年代重开。有十多个洞口，但产量不大。"[26] 石质细腻、坚实，硬度为 45—65，发墨较慢，石色青灰微带紫，有像芭蕉叶的平行纹理，又称"杉木纹"，且有天青、蕉叶白、碎冻、金银线、火捺等石品。冚罗蕉是高级砚材之一，人们用它做仿古砚，可与麻子坑砚石相媲美。（图 3-3-11）

　　7. 古塔岩

　　古塔岩位于斧柯山坑仔岩之南，屏风背附近。据史料记载，宋代以前就有开采，20 世纪 80 年代曾大量开采。古塔岩石色凝重，紫色稍带赤，有些部位带紫红或玫瑰红，色彩有变化，不单调，且看上去油润生辉。石质娇嫩、坚实、滋润，其间有石眼，但甚少有火捺、蕉叶白等石品，古塔岩砚石一般可作雕花砚材，如实用型的淌池砚、墨海砚等。

[25]《端砚大观》编写组编：《端砚大观》，北京：红旗出版社，2005 年版，第 163 页。
[26] 柳新祥著：《中国名砚·端砚》，长沙：湖南美术出版社，2010 年版，第 58 页。

图 3-3-11　岩罗蕉洞口　　　　　　　　　　　　图 3-3-12　典水梅花坑坑口

古塔岩坑洞后因石源枯竭，至 20 世纪 90 年代已停采。

8. 梅花坑

梅花坑开采于宋代，砚石主要出自两处：一是羚羊峡以东的沙浦镇典水村附近，故称"典水梅花坑"；二是出产于肇庆市北郊北岭山的前村坑和蕉园坑，又称"九龙坑"。它与宋坑砚石同出一脉。北岭山梅花坑洞较深，洞内石分三格，上下格石粗，不能作砚材，只有中间一格石无裂缝可以采用。它以多眼为特点，石呈苍灰白微带青黄色，其中石眼以有梅花点者为佳，石质近似宋坑，下墨快。石质与老坑、麻子坑、坑仔岩相比显得较为粗糙，但仍不失为端砚中具有代表性的名坑砚石之一。"典水梅花坑采出的砚石多眼、眼中有点，大而晕重不分明。而北岭山的梅花坑砚石石色苍灰微带褐黄，眼多而无晴（无瞳子），呈米黄色"[27]，这是鉴别两者区别之处。（图 3-3-12）

9. 绿端

绿端石开采于北宋。关于绿端的地址，《高要县志》载："出于北岭及小湘江峡（即三榕峡）、鼎湖山，皆旱坑。"[28] 黄岗采石师傅介绍说："最早在北岭山东岗坑附近开采，因砚石枯竭，后转移至端溪水一带的朝天岩附近开采，再后绿端石与朝天岩砚石混在一

[27] 柳新祥著：《中国名砚·端砚》，长沙：湖南美术出版社，2010 年版，第 59 页。
[28] 柳新祥著：《中国名砚·端砚》，长沙：湖南美术出版社，2010 年版，第 60 页。

图 3-3-13　沙浦西山绿端　　　　　　　图 3-3-14　沙浦西山绿端近景

起，即上层为绿端，下层为朝天岩石。"[29]小湘镇大龙村山上的绿端为露天开采，而沙浦镇苏一村山上的绿端砚石，散落在几平方千米的山地上，需要开坑采挖，取石十分艰难。其绿端石色泽青绿微带土黄色，石质细腻、幼嫩、润滑，最佳者为翠绿色，纯净无瑕，晶莹油润，石瞙黄中带红，是目前绿端石中最好的一种砚材。砚雕艺人利用绿端各种不同的天然石皮色彩制作成各种艺术摆件及茶具等。绿端也有水旱坑之别，水坑为砚，润而发墨，而旱坑可做雕刻工艺品之器。清代砚痴纪晓岚赞赏绿端石砚云："端石之支，同宗异族，命曰绿琼。"[30]（图 3-3-13、图 3-3-14）

绿端是指端州出产的绿色石制作成砚。但绿色的砚石不只是端州才有，广东恩平市有一种可以制作成砚的绿石，吉林长白山一带出产的松花石、甘肃的洮河砚石等均为绿色，但各砚石的质地及硬度不同，必须加以区别。绿端石主要成分为白云石，次为水白云母、石英碎屑、磁铁矿、方解石等矿物。硬度为 45—63。

10. 宋坑

宋坑，因在宋代被发现而开采，故取名"宋坑"。位于肇庆市北郊北岭山一带，西起小湘峡，东至鼎湖山。主要有浦田坑、榄坑、盘古坑、陈坑、伍坑、蕉园坑等。因将

---

[29] 肇庆市端州区地方志编纂委员会编：《肇庆市志》，广州：广东人民出版社，1996 年版，第 935 页。

[30] 凌井生著：《中国端砚——石质与鉴赏》，北京：地质出版社，2013 年版，第 16 页。

图 3-3-15　端溪宋坑坑洞

军岭下出产砚石，古人又统称宋坑为"将军坑"。最早开采的是将军坑和盘古坑。至今将军坑早已枯竭，无开采价值，盘古坑也因无佳石而停采。20 世纪 90 年代，比较集中开采的是陈坑、伍坑，但由于多年乱采滥挖，砚石已采空，已荒废。

蕉园坑以多眼而著称，故称"有眼宋坑"。其砚石呈紫色，偏青黄，石质坚实细腻。由于蕉园坑出自鼎湖山风景区内，于 2000 年封坑。

据采石师傅说，"宋坑的矿体厚度为 50 厘米，产石区域面积近百平方千米，各种砚石坑洞几十个，所以石质、石色不完全一致"[31]。

宋坑砚石色泽紫如猪肝，凝重而浑厚，是宋坑的特征之一。其表面还有金星点，在阳光照射下闪闪发亮，下墨极宜。优质的宋坑砚石有火捺，更好的是猪肝冻或金钱火捺。由于砚石矿区范围宽广，石质粗细也不等。上乘的宋坑砚石石质致密，润滑细腻，发墨快，可作为高中档雕花砚材，其余的可制作墨海、淌池等实用砚。如果要写奔放流畅、笔力劲健的大字，用宋坑石研墨是最佳的选择。

宋坑砚石采石区大都在北岭山山腰，各洞深都在百米以上，洞口高度在海拔 500 米以上，山坡陡峭，并常常下着毛毛细雨。山泉和山沟特别多，陈坑和伍坑等都在山沟附近，因此，宋坑坑洞内亦常积水，每次采石，必先抽水，清理石屑。但由于北岭山是肇庆市自然环境生态区，2000 年肇庆市政府已禁止上山开采砚石。（图 3-3-15）

11. 白端

所谓"白端"，又称白色的端砚。砚石产自肇庆七星岩自然保护区内玉屏山"叮咚井"，以及附近石牌岗一带，明万历年间就已开采。由于此石无毒性，古代黄岗村民用此石头

---

[31] 柳新祥著：《中国名砚·端砚》，长沙：湖南美术出版社，2010 年版，第 61 页。

图 3-3-16　白端砚石产地　　　　　图 3-3-17　七星岩景区玉屏山"叮咚井"

磨碎成粉末后作妇女化妆抹脸之用，后来砚匠们制作成砚用于研磨石绿、朱砂等颜料。

　　白端石质细腻、纯净，呈乳白色。因白端性燥易断裂，砚材不大，一般以 10 厘米至 18 厘米为多，少量为 20 厘米至 25 厘米，故能得一块上佳白端石砚并非易事。白端石硬度为 55—77，比其他端砚石高。20 世纪 90 年代，黄岗砚匠就将小块白端石制作成工艺精湛的古琴砚、玉兰花砚、古钟砚、石渠砚、把玩砚等。但是，并不是用白石制成的砚就是白端砚。我国多处地方出产白石，有些商贩为了牟取暴利，用外地白石制作成砚，冒充白端砚，因此要加以区别。（图 3-3-16、图 3-3-17）

　　白端石在 20 世纪 60 年代就已禁采。七星岩玉屏山迄今尚存采凿坑洞遗址。

## 二、当代发现的古今砚坑

### 1. 仿麻子坑

　　仿麻子坑，位于斧柯山附近镰宝细坑之西，磨刀坑蕉白之东南角。此坑曾由沙浦镇苏一村村民开采。砚石色相、质理、纹彩极似麻子坑，故命为"仿麻子坑"。其石色宝蓝，叩之木声，石质纯洁，细密嫩润，呵气即泽，贮水不涸，墨光益发。有天然散冻，蕉白中含青花、胭脂、火捺、天青等，是刻制端砚的高档砚材。20世纪90年代此坑已采竭。

2. 磨刀坑蕉白岩

此砚坑位于斧柯山青蛇岩对面，西岸村步行上山约两小时可到达。1977年由砚工任记率石工开采。其砚石色淡紫，石质娇嫩细密，呵气即泽。该石以明显的蕉叶白著称，故名，石中并含有鹅毛、青花及浮云冻等。其石性温润细腻，是斧柯山端溪水一带较上等的砚石之一。此坑在20世纪90年代末已枯竭。

3. 大西洞、沙浦大西洞

此坑位于头站路与二站路之间。该处有石碑，上镌"头岩上者为大西洞"[32]。据考证，此坑明代前已开采，后一度停采，1977年被苏一村村民梁清等人发现并重开。此石紫带蓝，亦称宝蓝，极类似老坑洞之内大西洞石，故名。石质细嫩，腻如小儿肌肤而不滑墨，可与老坑大西洞、麻子坑媲美，砚石中还有天青、青花、胭脂、火捺、蕉叶白，上好的砚石中还有鸲鹆眼、翡翠纹等石品，属高档砚材。20世纪90年代末，此坑已采竭。

4. 大坑头

此坑位于斧柯山麦仔岗对面大坑头坑出口处。据史料记载，宋代已开采过。1977年由桃溪村村民何永良重开。砚石呈紫蓝带红，叩之作金石声，磨墨微有声。石质细润，呵气即泽，有碎冻、蕉叶白、青花结、胭脂晕、火捺、翡翠纹等。可与仿麻子坑媲美，但此坑早已枯竭。

5. 白线岩

白线岩位于羚羊峡北岸、羚羊山的山岭上，东靠有冻岩。据考证，此坑明代以前曾被开采。1975年由李金娣、杨树德等石工发现并重开。岩洞内分三层，第一层石皮青色中带翠绿，质优者可作雕花砚材。第二层叫"二格青"，多做低档的顺水淌池砚、墨海砚等。第三层是青石，"质优之青石时有火捺，亦可作砚材，石质佳者有眼，眼大至

---

[32]柳新祥著：《中国名砚·端砚》，长沙：湖南美术出版社，2010年版，第64页。

图 3-3-18　白线岩坑口

荔枝核，小至芝麻，有晕但无睛"[33]。质优砚石多有白筋暗浮在石面上，看上去如散碎的冰纹线。（图 3-3-18）

**6. 村宋坑**

此坑位于北岭山伍坑上游将军岭处，20 世纪 80 年代初开采。其砚石色紫如猪肝，叩之有金声，磨墨微有声。其石质温润细嫩，发墨浮津，贮水不涸，呵气即泽，并以发墨快而著称。石中带有金星点，中贯彩带、被布纹等。该坑砚石较将军坑、陈坑、伍坑要好，可能与长年浸水有关系，隶属宋坑（专指在北岭山范围内的砚石矿及历代开采之砚坑），并且在海拔 600 余米高处，实属罕见。此砚坑兼北岭诸坑之长，实为当今宋坑砚石的典型。

**7. 木纹石**

该坑位于斧柯山山脚、西岸村村边公路旁。石色呈墨绿带黄，石中布满各种直线波纹或圈形木纹线条，故名。其石质松软，疏散易裂，大石料难求，色泽绿黄，花纹变化万千，部分上等佳石可做小花砚、笔洗等，如有特别好的木纹可做平板砚供观赏。制砚艺人有时根据砚石的木纹特点，制作成各种工艺小件或砚屏等。20 世纪 90 年代，该坑已枯竭。

[33] 柳新祥著：《中国名砚·端砚》，长沙：湖南美术出版社，2010 年版，第 65 页。

8.有冻岩

有冻岩位于羚羊峡以西的羚羊山的山岭上，西靠白线岩，在白线岩上方约70米。此坑在明代以前开采过。1975年由李金娣、杨树德等石工重开。砚坑浅，砚石呈紫褐色，石中的冻带黄色。石肉上有浅色晕圈构成的大斑点、连体斑点和无定形斑点。石质细腻，呵气即泽，叩之作木声，磨墨无声。石眼较坑仔岩眼大，呈椭圆满形，也是砚石中较高档的砚材之一。2004年该坑已封闭。

斧柯东砚石是斧柯山山脉东向延伸至沙浦、桃溪、典水一带的山脉中出产的各种砚坑石的总称。斧柯山方圆几十千米，蕴藏着较丰富的砚石资源，有十几个坑种。20世纪80年代初，由于老坑、麻子坑、坑仔岩等名坑砚石短缺，当地采石工在斧柯山的山脉中寻找到了新的砚石坑种，并开采出各种质地细嫩、滋润的好砚石。这些砚石以紫色、蓝色为主，不少砚石中还有石眼、青花、蕉叶白、火捺、天青等石品花纹。

斧柯山东诸坑砚石（又称沙浦石）是制砚佳材，虽然砚石质地比不上斧柯山端溪水一带之名坑类，但研墨发墨并不逊色。

一直以来，人们对端砚存在一种偏见，认为只有端溪水一带产出的砚石才名贵，有收藏价值，甚至认为斧柯山东山脉开采出来的砚石不能做砚。不少买家、藏家听到一个"新"字，或听到"沙浦石"就不敢购买，其实这是一种误会，要知道以上这些砚坑都是古人曾经开采过的，只是当今被发现并重开。优质的砚石制作成砚不仅物美价廉，而且极具使用和收藏价值，研墨使用性能好。2004年，由于肇庆市政府对生态环境的保护，此坑已被严格禁止开采。（图3-3-19）

9.金利宋坑

金利宋坑与斧柯山上其他砚坑同出一山脉，位于高要市金利镇管辖区的山沟中，2007年被当地村民发现并零星开采。其砚石细嫩滋润，石色呈淡红色，有的砚石红中夹白，并有彩带纹、黄龙、火捺、猪肝冻等石品映于石中，更为难得的是，其石质极似坑仔岩，"不论砚石大小，石中都有晶莹可贵的石眼，少则几颗，多则几十颗上百颗不等，石眼圆润明亮，眼晕重重，可与坑仔岩石眼相媲美"[34]，是近年新发现砚坑中最好的砚

[34]柳新祥著：《中国名砚·端砚》，长沙：湖南美术出版社，2010年版，第68页。

图 3-3-19　斧柯山之虎尾山

石。2008 年此坑被严格限制开采。由于砚石产量极少，流传不多，故此砚石更显珍贵。

10. 上田岩坑

此砚石坑位于老麻子坑洞左侧约 50 米的山沟涧，2004 年被采石工发现并开采，这里地势陡峭，采石艰难。其石石质细腻滋润，石色青紫偏蓝，有麻子、火捺、蕉叶白、天青等石品花纹，石眼极少。石眼翠绿圆大，佳眼带晕圈。砚石产量极少。

11. 赤里头坑

此砚坑位于老麻子坑洞正左侧约 100 米，2005 年砚工发现并开采。属麻子坑顶石，石质较为粗糙，呈紫色偏红蓝，与上田岩及金利宋坑石色无差别，但砚石上有石眼，且大而圆，有的石眼中间有红点，石眼色呈青色或翠绿。开采量极少。

12. 黑端

黑端石，自古至今尚未发现，但宋代赵希鹄《洞天清录》对其有描述："端溪下岩旧坑，卵石黑如漆，细润如玉，扣之无声，磨墨亦无声。有眼，眼中有晕，或六七眼相连，排星斗异形，石居水底，须千夫堰水汲尽，深数丈，篝火下縋，深入穴中，方得之。

图 3-3-20　黑端石坑口位置

至庆历间坑竭。"[35]清代陈龄《端石拟》又载："水坑中洞下岩之石，质极软嫩，细润如玉。其色青黑而带灰苍，湿则微紫，谓之黑端。"[36]书中所叙述的黑端石及坑口，世人从未见过。但近几年，采石工在斧柯山的深山涧找到了黑端石洞口，并采到黑端石。经砚匠制作，石质细腻，温润如玉，石色乌亮、漆黑，发墨好。与宋代赵希鹄、清代陈龄书中所描述的基本相似，但此石产量极少，非常稀有名贵。（图 3-3-20）

13. 红端

红端，即是红色的端砚，史料并无记载。但采石工在斧柯山上发现并采到这种砚石。其石呈红色或粉红色，石性偏软，石质较细腻，无石品纹饰。由于红端石产量较少，所见砚台不多，偶见砚工制作的工艺摆件。

[35]《端砚大观》编写组编：《端砚大观》，北京：红旗出版社，2005年版，第125页。
[36]《端砚大观》编写组编：《端砚大观》，北京：红旗出版社，2005年版，第235页。

　　据相关文献资料介绍，自唐以来，在端州区域内黄岗村民所开采的古旧砚坑有 70 余个，到 20 世纪 90 年代末，有开采利用价值的砚坑已不足 15 个，特别是斧柯山一带的名贵砚坑已基本采尽。

　　肇庆市委市政府十分重视对生态环境和砚石资源的保护，为防止宝贵的砚石资源过度开采和遭受破坏，于 2005 年发文决定封闭所有砚坑，严禁开采。2007 年 8 月 6 日，高要市国土资源局再次发文炸封坑仔、麻子坑洞口。这是清末以来，官方采取的第一次大规模封坑行动，所有端砚坑口将成为历史的见证。（图 3-3-21）

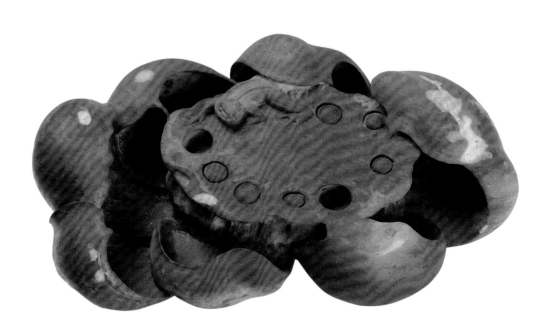

图 3-3-21　红端石（柳飞藏）

# 第四章
# 端砚材质及鉴别

砚石的使用功能是磨墨，其中下墨、发墨是衡量砚材好坏的标准。简单地说，下墨是通过研磨，从墨块到水中再到砚台上的过程。发墨是指墨中的碳分子与水分子融合的速度及细腻程度。发墨好的墨润泽如油，在砚中生光发艳，随笔旋转流畅。所以，画画用的砚比书法用的砚要求更高。下墨讲求快慢，发墨讲求粗细，下墨快的砚发墨粗，发墨好的砚下墨慢。可见，拥有一块色泽稳重、石品美丽、石质刚柔并济，既下墨又发墨，且易于雕刻的端砚石就更难了。

# 第一节　端砚石的特性

砚石的使用功能是磨墨，其中下墨、发墨是衡量砚材好坏的标准。端砚石质特别纯净、娇嫩、滋润，具有"研墨不滞，发墨快""呵气研墨"的特点。研出的墨汁细滑，书写流畅，而且字迹颜色经久不变，无论是酷暑或寒冬，只要用手按其砚心，水气久久不干，润泽而清凉。

为什么端砚有如此多的特点呢？要想了解其中原因不妨用端砚、歙砚、洮河砚三种石材的石质作下发墨对比。

以端砚老坑石为例：

表2　端、歙、洮砚石对比

| 石材 | 平均硬度 | 下墨 | 发墨 |
| --- | --- | --- | --- |
| 端砚 | 2.9 | 弱于歙、洮 | 强于洮、歙 |
| 歙砚 | 4 | 强于端、洮 | 弱于端、洮 |
| 洮河砚 | 3.1 | 强于端、弱于歙 | 强于歙、弱于端 |

注：墨条的硬度是2.2—2.4，刻刀的硬度是：钨钢刀约7，白钢刀约6，碳钢刀约5。

从上表可知，石材硬度较软则显示出砚石的矿物细、粒间间隙小，发墨效果好。反之，石材较硬者其矿物间隙大、石质粗。上好的砚台就是要细而不滑，涩而不粗。且从以上数据可以知道，在三大砚石中，唯端砚的硬度较软，所以发墨好。"歙石出于龙尾溪，其石坚劲，大抵多发墨。"[1]（宋代欧阳修《砚谱》）而洮河砚硬度介于端歙之间，下墨优于端砚而发墨优于歙砚。从下发墨情况看，端砚石具有良好的研磨特质，它能将"矛盾体"调节到恰到好处。

地质专家祁殿臣认为，石砚所用石料，必须具备四个条件：

1. 石质结构——细腻、坚实、发墨，既快又细。

2. 石质水分充足——滋润温柔，既不耗墨，又不损笔。

3. 石质硬度适中——既可经久耐磨，又便于雕琢。

4. 色泽古朴典雅——流光溢彩，纹理成趣，奇幻无穷。

可见，在全国众多砚石中，唯有端砚石能完全满足这四个条件。

## 一、端砚石的特点

古代文人墨客对端砚发墨很有体会，认为："发墨久不乏者，石必差软，扣之声低而有韵，岁久渐凹。不发墨者，石坚，扣之坚响，稍用则如镜走墨。"[2]（宋代米芾《砚史》）"石嫩甚者，如泥无声，不着墨；清越者，温润着墨快，不热无泡，然良久微渗，若油发艳。"[3]（宋代米芾《砚史》）端砚石质密实、滋润、细腻，能磨出浓、亮、艳，如油泛光的墨汁。由于老坑石常年浸泡在水中，使它具有了"体重而轻，质刚而柔""细腻柔嫩，呵气研墨"的特性，令历代文人墨客爱不释手。清代陈恭允在使用端溪老坑石时记载着一段话："他砚，粗则锉墨，细则拒墨，水岩却不然。玉肌腻，附不留手。"[4]而用老坑石着水研墨，"则油油然，若与墨相恋不舍。墨愈坚者，其恋石亦弥甚。""以他研并之，水之分数同，墨同，手同，而为研之数，水岩常少于他砚十之三四"[5]。由此可见，老坑材质细密、滋润，下墨发墨都能达到理想的使用效果。

地质专家通过实验解释说：端砚石硬度为 2.8 度至 3.5 度之间，其中含少量硬度为 7 度的石英碎屑，墨条硬度比砚石稍低（墨条硬度为 2.2—2.4）。因此，"磨墨时既不

[1]《端砚大观》编写组编：《端砚大观》，北京：红旗出版社，2005 年版，第 102 页。

[2]《端砚大观》编写组编：《端砚大观》，北京：红旗出版社，2005 年版，第 105、106 页。

[3]《端砚大观》编写组编：《端砚大观》，北京：红旗出版社，2005 年版，第 105 页。

[4] 凌井生著：《中国端砚——石质与鉴赏》，北京：地质出版社，2003 年版，第 29 页。

[5] 同上。

打滑却又相连。这是因为端砚石上很细的硬矿物石英屑颗粒凸起在磨墨砚堂的表面，就像锋利的尖刀，将墨锭锉细。而水云母、绢云母、赤铁矿等矿物则下凹，类似锉刀的表面构造，当研墨时使得端砚下墨快，磨出的墨汁幼嫩、光亮"[6]。

综合端砚石多种因素，归纳起来具有以下特点：

1. 端砚硬度适中。硬度约为 3 度，易雕刻，极易塑造艺术形象，达到完美效果。

2. 砚石显孔隙率小。说明砚石的矿物细、粒间间隙小，开型或小开型裂隙不发育，饱和吸水率低，使得砚石密实、幼嫩、滋润、蓄水不干。

3. 下墨。磨墨时间短，很快就能达到使用浓度。古人将此现象形容为"下墨如风"。

4. 发墨。正如明代张应文称赞端砚："极能发墨，磨不滑，停墨良久，墨汁发光，如油如漆，明亮照人。此非墨能如是，乃砚石使之然也。"[7]并云："不损毫，常砚皆能之，惟发墨之妙，非亲试水岩不知也。"[8]这是古代文人墨客长期使用端砚的客观总结，并非一般人所能品味。

5. 不耗水。墨汁留池内许久都不干涸。

6. 不结冰。端砚石具有一定的保温功能。清代陈恭允称："研槽之水，隆冬极寒，他砚常冰，而水岩独否。"[9]

7. 不朽。端砚磨出的墨汁不臭，并能防蛀，而且用端砚记载的文字可流传百世、万古千秋，永不会腐烂。

8. 护毫。表明砚堂面不粗糙，墨汁无腐蚀性。亦表明端砚石没有腐蚀性物质渗入墨汁内，有保护毛笔不受损的功能。


## 二、紫端砚石与其他砚种类砚石区别

端砚石不仅在石质上明显优于其他砚石，而且在石品、纹理、色泽以及物理化学成分等方面与其他种类砚石也有着明显的区别。如端砚石中的紫石与歙石、洮石、贺兰

[6] 凌井生著：《中国端砚——石质与鉴赏》，北京：地质出版社，2003 年版，第 30 页。
[7] 凌井生著：《中国端砚——石质与鉴赏》，北京：地质出版社，2003 年版，第 29 页。
[8] 同上。
[9] 同上。

山石、红丝石、松花江石、苴却石等砚石的区别，概括为七个方面：

1. 端砚石以水云母（含绢云母）为主要组成矿物，石质细、润、密，石品花纹多，实用价值高，观赏性强，这些特点区别于众砚石。

2. 端砚石中含适量的赤铁矿、磁铁矿、绿泥石等铁矿物，三价铁离子与二价铁离子比值变化大。石色斑斓，石品花纹丰富，这也是其他砚石无法比拟的。

3. 歙石、贺兰山石的主要成分为绢云母，区别于端石。

4. 苴却石以其硬度高、色偏黑区别于端砚石。

5. 红丝石、松花江石均为碳酸盐岩，主要矿物为方解石，矿物成分和化学成分与端砚石有根本区别。

6. 端砚石有弱磁性，其细岩屑能被永久磁铁所吸引，这是其他砚石尚未发现的特点。

7. 洮石以其绿色区别于端砚石中的紫砚石。


## 三、端砚石的鉴别

端砚石的鉴别是指不同等级端砚石和主要砚石坑所产砚石的鉴别。据史料记载，清代时砚坑最多70余处。其中以老坑、坑仔岩、麻子坑、朝天岩、宣德岩、白线岩、龙尾岩、各种宋坑、梅花坑等知名度较高。老坑、坑仔岩、麻子坑被称为历史上的"三大名坑"，这些砚坑石与其他端砚石总体相同，但又有区别。

1. 三大名坑砚石

（1）老坑

位于端溪矿区最低处，砚石常年浸泡在水中，细腻柔滑。砚石中水云母及绢云母含量达到90%，不愧为砚石之王。

（2）坑仔岩

处于老坑与麻子坑之间，砚石出产于洞口下斜170米处，深处石质密实细嫩，经测试其水云母、绢云母含量与老坑砚石相等。赤铁矿、磁铁矿含量稍高，易于雕刻。

（3）麻子坑

位于端溪矿区最高处旗顶下，坑口至产石区深50米，其水云母、绢云母以及赤铁矿、磁铁矿的含量与老坑砚石均等。从表3、表4、表5可以看出，老坑、坑仔岩、麻子坑砚石单从其表面看，在质地、手感、雕刻等方面并没有什么区别，从各项测试数据也可看出它们的矿物含量、化学成分、物理等参数及各项特征数据对比差异不大，或者说差距极微。（见表3、表4、表5）

表3　三大名坑砚石矿物成分对比（$W_B$/%）

| 坑名 | 矿物成分 | | | | |
| --- | --- | --- | --- | --- | --- |
| | 水云母<br>（绢云母） | 赤铁矿<br>（磁铁矿） | 绿泥石 | 石英 | 微量矿物 |
| 老坑 | 90 | 3—5 | 1—2 | 2—3 | 白云母、电气石、锆石、金红石、菱铁矿 |
| 坑仔岩 | 90 | 5 | 1 | 2—3 | 白云母、电气石、锆石、金红石、菱铁矿 |
| 麻子坑 | 90 | 3—5 | 3 | 2—3 | 白云母、电气石、锆石、金红石、菱铁矿 |

注：砚石样品为一级。（资料来源：凌井生著《中国端砚——石质与鉴赏》，北京：地质出版社，2003年版，第33页。）

表4　三大名坑砚石化学成分对比（$W_B$/%）

| 坑名 | 化学成分 | | | | | | | |
| --- | --- | --- | --- | --- | --- | --- | --- | --- |
| | $SiO_2$ | $Al_2O_3$ | $K_2O$ | $Fe_2O_3$ | FeO | MgO | $TiO_2$ | 灼失量 |
| 老坑 | 59.59 | 18.70 | 5.44 | 6.43 | 1.48 | 2.82 | 0.80 | 3.29 |
| 坑仔岩 | 60.60 | 18.71 | 5.45 | 6.38 | 1.36 | 2.39 | 0.81 | 3.62 |
| 麻子坑 | 58.66 | 18.80 | 5.35 | 6.80 | 1.79 | 2.39 | 0.80 | 4.32 |

注：砚石样品为一级。（资料来源：凌井生著《中国端砚——石质与鉴赏》，北京：地质出版社，2003年版，第33页。）

表5　三大名坑砚石主要物理参数对比

| 坑名 | 物理参数 | | | | | |
| --- | --- | --- | --- | --- | --- | --- |
| | 硬度 | 体积质量<br>（g/cm³） | 显孔隙率<br>（%） | 饱和吸水率<br>（%） | 抗压强度<br>（kg/cm²） | 抗剪切强度<br>（kg/cm²） |
| 老坑 | 2.8—3.5 | 2.82 | 1.02 | 0.36 | 660 | 183 |
| 坑仔岩 | 2.8—3.5 | 2.81 | 1.10 | 0.39 | 999 | 183 |
| 麻子坑 | 2.8—3.5 | 2.80 | 1.47 | 0.53 | 769 | 196 |

注：砚石样品为一级。（资料来源：凌井生著《中国端砚——石质与鉴赏》，北京：地质出版社，2003年版，第33页。）

不过，单凭测试数据来分辨名坑之间的砚石是困难的，但从砚石表象显现出来的石色和石品花纹等特征来分析，却又基本上可以分辨清楚。以石色为例，老坑砚石以紫蓝为主，略带青色；麻子坑砚石以紫青为主，略显蓝色；坑仔岩砚石为偏赤带紫色，仔细观察它们的区别是很明显的。在石品花纹特征方面，老坑砚石有独一无二的冰纹和网纹、钉纹等石纹，以此区别于其他两类名坑砚石。

2.其他砚坑的砚石

（1）朝天岩、宣德岩

这两个砚坑都在端溪矿区内，坑内情况不详，但从样品的测试结果看其基本成分与名坑砚石差别不大，不同的是"朝天岩砚石含较多的绿泥石团粒，并在团粒中心有褐铁矿（很可能是菱铁矿氧化而成），在工艺上形容其为青苔斑点"[10]。宣德岩砚石为紫略带红，跟坑仔岩石色类似。

（2）龙尾岩

龙尾岩又称"龙尾坑"，位于沙浦镇西岸村附近，古称老苏坑，有大坑头、龙尾青岩、虎尾坑等。有资料说，自明代就有龙尾砚砚坑，但很浅，多数深度为10至20米，有的可露天开采。该坑砚石与端溪一带砚石特征相近，当地石工将自己所采的砚坑冠以"新西洞""新麻子坑""新坑仔岩""新朝天岩""新冚罗蕉"等。此砚石的石色都为紫中带灰青色，有的呈宝蓝色，有石眼、蕉叶白、鱼脑冻、火捺等石品花纹。该处矿体厚0.4米至1米，紧贴顶板有1米至2米的绿砚石。

（3）白线岩、有冻岩

这两个砚坑都在羚羊山东侧，砚坑浅，白线岩在下，有冻岩在上，两者相距约70米。

地质专家解释说：有冻岩砚石呈紫灰色、紫褐色。砚石内有好多由浅色晕圈构成的大斑点、连体斑点和无定形斑点。砚石的主要矿物为水白云母，少量矿物为铁矿物、石英碎屑、高龄石（？）等。砚石的化学成分中含二氧化硅59.48%、三氧化二铝19.66%、氧化钾5.62%、三氧化二铁7.49%、氧化镁1.90%、灼失量3.77%，其余成分小于1%。表现为富铝、富三价铁、富钾，三氧化二铁与氧化铁质量分数的

[10] 凌井生著：《中国端砚——石质与鉴赏》，北京：地质出版社，2003年版，第35页。

比值是 1：10.55，为端砚石之首。白线岩砚石色青，化学成分含量为：二氧化硅占 59.77%、三氧化二铝 18.42%、氧化钾 5.27%、三氧化二铁 6.36%、氧化亚铁 1.59%、氧化镁 3.37%、灼失量 3.92%，其余成分在 1% 以下。三氧化二铁与氧化亚铁比值为 4，与有冻岩差别明显，说明砚石中可能含有较多的绿泥石。砚石中还有稀疏的网格状绢云母脉。

（4）陈坑、伍坑和盘古坑

均在七星岩以北的北岭山南坡。是宋代主要的砚石坑，断断续续采了 1000 多年。但每个砚坑都不大，长 10 米至 30 米，矿体厚度 0.5 米左右。以陈坑、伍坑和盘古坑为代表的砚石坑，历史上统称为"宋坑"。砚石的主要特色是：

①石色为猪肝色，变化不大。

②从显微镜下观察，砚石中的石英碎屑可达 10% 至 15%，并有较多白云母碎片，使砚石易锉墨，有金星点闪烁。

③化学成分含量为二氧化硅 63.18%、三氧化二铝 16.88%、氧化钾 5.25%、三氧化二铁 4.63%、氧化亚铁 2.08%、氧化镁 3.01%、二氧化钛 0.79%、氧化钠 0.16%、氧化钙 0.19%、五氧化二磷 0.20%、灼失量 3.33%。三氧化二铁与氧化亚铁比值为 1：2.28。

（5）典水梅花坑

砚坑采空区小，一般长约 10 米至 20 米。砚石的石色青带灰，有的显紫色，风化后为黄色、紫黄色。石质与有冻岩的砚石相近。以石眼多著称，眼的瞳子为黄棕色，眼球为淡绿黄色、无色环，眼皮薄。局部有较多的玫瑰红色赤铁矿或菱铁矿斑点，似梅花状。

（6）蕉园坑

位于北岭山的东段，采石工统称其为宋坑。1980 年村民林洁培等人在通往西林场的路旁发现了有石眼的砚石，采石工称其为"有眼宋坑"。该处最深的砚坑约 50 米至 100 米。砚石色青显紫色。主要矿物成分：水云母（含绢云母）60%，白云母碎片 5%，局部石英碎屑可达 30%，赤铁矿小于 1%。砚石化学成分含量为：二氧化硅 65.22%、三氧化二铝 15.67%、氧化钾 4.84%、三氧化二铁 4.04%、氧化亚铁 1.44%、氧化镁 3.34%、氧化钠 0.13%、氧化钙 0.25%、二氧化钛 0.79%、氧化锰 0.006%、五氧化二磷 0.20%、灼失量 3.73%。显孔隙率 1.60%，饱和吸水率 0.59%，三氧化二铁与氧化亚铁比值 1 : 2.81。砚石的硬度 3.5 左右，体积质量 2.71g/cm³，显孔隙率 3.49g/cm²，饱和吸水率 1.29%。

从上述特征可以看出，宋坑砚石与其他砚石很容易鉴别。

# 第二节　端砚石品鉴别

所谓端砚"石品"，又称"石品花纹"，其实是古代文人墨客和砚匠在长期创作中对砚石上某种天然花纹特点的物象描述。古人对端砚石中的石品花纹有浓厚的兴趣，他们依据这些花纹的大小、形状、色泽等分别用与自然界某些物象的相似名称来命名，多达 50 多个，寓意深刻，生动有趣。

根据地质学家的调查、勘查和化验结果证实，端砚石品花纹是由于某种矿物成分局部聚集在端砚石内，由白、青、蓝、红、褐、绿等颜色组成。有块状、斑状、花点状、纹状、线状。它们有的形成于早期砚石物质聚集阶段，有的形成于中期砚石固结和构造变质阶段，还有的形成于晚期潜水层以上的氧化阶段。它是在特定的地理环境和独特的地质构造下自然形成的一种物体图案，是我国砚石中独有的产物。

为了让读者向纵深层次探究端砚石的神奇奥秘，本节采用了广东省地质局七一九地质大队《端砚地质调查报告》中的最新研究资料，对端砚石品花纹的种类、石品结构、石品特点等作全面、系统的归类和说明。

## 一、石品种类

端砚石品总体分为晕块类、线纹类、斑点类。

1. 晕块类

端砚石品中常见的是晕块类，主要有鱼脑冻、鱼脑碎冻、蕉叶白、天青、青花、火捺等，下面作详细介绍：

（1）鱼脑冻

冻，是"凝结"的意思，古称"羊脂类"，工艺学上称"冻"。宋代米芾《砚史》载："冻者，水肪之所凝也，白如晴云。吹之欲散，松如团絮，触之欲起者，是无上品。"[11]

端砚上的"鱼脑冻"，其形态颜色就像"鱼脑"，青青的、淡淡的，一团一团的。如澄潭月漾，直径一般在5厘米至10厘米之间，呈珍珠光泽或丝绢光泽，"呈棉絮状，给人以轻松的感觉；边缘常有火捺环绕。冻内主要矿物质为绢云母和水云母，没有或含很少赤铁矿等铁矿物。是砚石内含绢云母比较多的透镜体"[12]。

鱼脑冻是端石中质地最细腻、最幼嫩的名贵石品，其色泽是白中有黄略带青，也有白中微带灰黄色。最佳的鱼脑冻或是洁白的，恰似高空的晴云，色泽清晰透彻，发墨好，下墨快，是十分难得的石品，为老坑、坑仔岩、麻子坑所特有。

鱼脑冻的形态，具体说大致有三种：一是浮云冻，恰如晴天的白云或几朵浮云（最佳的颜色是天青作地色）在空中轻飘，犹如风吹欲散的感觉；二是浮云冻呈圆形或椭圆形，色白中带黄，圈内都有胭脂火捺包围；三是鱼脑碎冻，既不完整，也不规则，错落疏散，有时像花生米或蚕豆般大小，零零碎碎落在砚石上。

鱼脑冻的基本色、矿物成分、化学成分等均与蕉叶白相同，成因也相同，唯一有区别的是其颜色更白。（图4-2-1）

地质专家陈振中在《漫谈端溪砚地质及天然石品问题》中解释说："鱼脑冻产于含铁质水云母页岩或泥质板岩中，夹有极细的泥质扁豆体，经过成矿作用过程，发生铁质的迁移与聚集，在这种极细的扁豆体边缘，铁质被扁豆体的黏土矿物所吸附，使之有大量的赤铁矿分布其间，形成火捺花纹，黏土质扁豆体经变质作用后，其泥质重结晶为云母类矿物集合体。具有丝绢光泽、脂肪光泽。不含铁质的以云母类为主的黏土矿物扁豆体，

[11] 陈日荣编著：《宝砚风华录》，北京：语文出版社，1998年版，第92页。
[12] 凌井生著：《中国端砚——石质与鉴赏》，北京：地质出版社，2003年版，第21页。

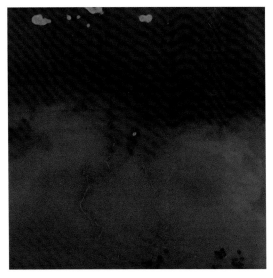 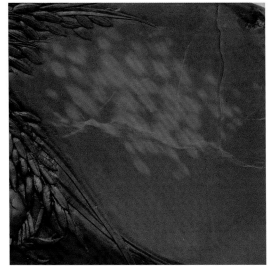

图 4-2-1　鱼脑冻　　　　　　　　　　　　　图 4-2-2　鱼脑碎冻

便是所谓的'鱼脑冻'。"[13]

　　古代赞美"鱼脑冻"的诗有很多，如清代诗人姚文田在《题端砚》诗中写道："冻若冰凝，白如雪映。色洁质坚，非磨亦净。宜书宜画，可歌可咏，以作厝珍藏之。"[14]

　　（2）荡

　　用"荡"比喻端砚石品花纹是 20 世纪 80 年代出现的，清代以前的古砚书籍上没有这种称呼。其形态没有鱼脑冻那样轮廓完整，那样白如晴云，而恰如神话故事中描写的仙女，披着白色轻纱，若隐若现。它的颜色白中带黄，并模糊地透出砚石原本的颜色，可以说是鱼脑冻未成熟的一种。经地质专家在显微镜下鉴定，"荡"的矿物成分与"鱼脑冻"差别不大，砚雕师们在设计上，主要是根据"荡"的形态，创作一些人物或山水、祥云、动物等图案。此外，还有一种称之为"碎冻"（又称米仔冻），有如花生或蚕豆，不均匀地错落分布在砚石上。"冻是发生变质作用的标志，说明有相当多的水云母变成了绢云母。"[15]（图 4-2-2）

　　（3）蕉叶白

　　蕉叶白，又称"蕉白"，是端石中最名贵的石品之一。其颜色为白色或略显青黄的白色，

[13] 高美庆著：《紫石凝英：历代端砚艺术》，香港：香港中文大学文物馆，1991 年版，第 142 页。

[14] 李护暖著：《历代端砚诗赋广辑及注释》，广州：岭南美术出版社，2011 年版，第 330、331 页。

[15] 凌井生著：《中国端砚——石质与鉴赏》，北京：地质出版社，2003 年版，第 22 页。

与嫩芭蕉的颜色相近。形态为较规则的片状，如蕉叶初展，内隐现平行叶脉或弧形叶脉，在蕉叶白的四周均有深褐色的火捺，多出现在端石之嫩处，如柔肌如凝脂，发墨细润，能贮水，不拒墨，不损毫。

古人对蕉叶白石品非常看重，并对其有着详细描述。"凡有蕉白之端石，性必软，软必嫩，嫩必润，润必益墨"。[16] 清代梅山周氏《砚坑志》载："蕉白者膏之所成。蕉白四旁必有火捺掩映，以显其秀。""必一片白润，仿佛芭蕉叶上霜花未干者，为至宝……"[17]

清代屈大均《广东新语》载："蕉叶白者，……微有青花，如秋云绵密，或如水波微尘，视之不见，浸于水中乃见。必须心如毫发，乃知其妙。"[18] "此石乃在穷渊，水之所凝，云之所成，玉而非玉，冰而非冰，水为其气，云为其神。其石之质欲化，而冰之体已坚。此真端溪之精英，其价过于瑶琼者也。"[19] 由于蕉叶白石品具有良好的磨墨效果和观赏价值，成为历代文人墨客梦寐以求的对象。

清代砚痴黄任，字莘田，十分珍爱有蕉叶白的端砚，当他得到一方蕉叶白端砚时，兴奋不已，即镌刻于砚上："白石青花出水鲜，羚羊峡口两生烟。紫云一片钢如掌，染得山阴九万笺。"[20]

据相关地质资料介绍，"蕉叶白一般产于紫红色含铁质条纹或条带的页岩，与薄层青灰色泥质页岩相间组成的韵律层现中。所夹的黏土质条带，黏土占85%至90%，其余成分均匀或均匀稀疏分布在黏土薄层内。黏土成分呈纵横排列，有孔隙，定向的黏土质充于孔隙中，但无赤铁矿充填，于是形成这种具有'蕉叶白'的浅色泥质页岩。在蕉叶白的周围大都有紫色、紫红色火捺。这种火捺实际上是赤铁矿局部集中形成的条带"[21]。（图4-2-3）

根据光学显微镜鉴定，蕉叶白的主要矿物为绢云母和水白云母，含少量高岭石和白钛石等，不含或微含铁矿物。化学分析显示，蕉叶白与砚石的化学成分基本相同，除三

[16] 陈日荣编著：《宝砚风华录》，北京：语文出版社，1998年版，第91页。

[17]《端砚大观》编写组编：《端砚大观》，北京：红旗出版社，2005年版，第26页。

[18]《端砚大观》编写组编：《端砚大观》，北京：红旗出版社，2005年版，第165页。

[19] 同上。

[20] 李护暖著：《历代端砚诗赋广辑及注释》，广州：岭南美术出版社，2011年版，第218页。

[21] 高美庆著：《紫石凝英：历代端砚艺术》，香港：香港中文大学文物馆，1991年版，第142页。

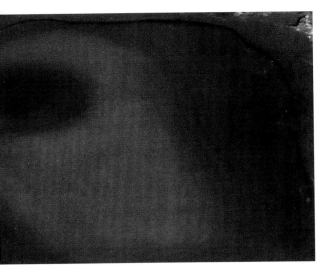

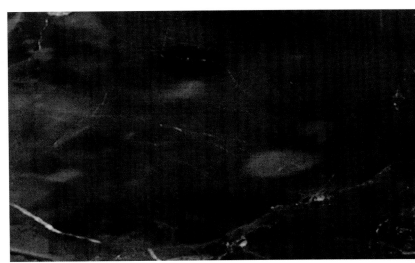

图 4-2-3　蕉叶白　　　　　　　　　图 4-2-4　天青冻

氧化二铝（Al$_2$O$_3$）、氧化亚铁（FeO）、氧化镁（MgO）比砚石高出几个百分点之外，其余成分基本没有大的区别。蕉叶白石品，多见于斧柯山老坑石、坑仔岩、麻子坑以及朝天岩、宣德岩、冚罗蕉砚石中。

（4）天青

天青在端砚石中呈青微带灰白色，或呈青紫色斑块。没有明显的边界，无瑕，故名。在明朝以前端砚著述中没有提到"天青"一词，后在清代砚学家著书中不断提及。宋代唐询《砚铭》载："天青如秋雨乍晴，蔚蓝无际者上也。"[22] 吴绳年《端溪砚坑记》载："萦洁无疵，略众美而色较青，名曰天青"。[23]（图 4-2-4）

天青石品只有极少数的老坑石、坑仔岩、麻子坑、朝天岩砚石中才有出现，外形不规则，石质十分细腻、幼嫩、滋润。而名贵的浮云冻往往就出现在天青的位置上，以天青作地色。高固斋曰："时有蔚蓝者，秀色可餐，不多见。粤人最重此品。"[24] 的确，一块有天青石品的砚石，非常难得，如果能有匠心独运的设计创作，其艺术价值更是不言而喻。（图 4-2-5）

天青在砚石中含有较多的磁铁矿和绿泥石。青紫色，大小都有，常与"青花"共生，

[22] 陈日荣编著：《宝砚风华录》，北京：语文出版社，1998 年版，第 98 页。

[23]《端砚大观》编写组编：《端砚大观》，北京：红旗出版社，2005 年版，第 271 页。

[24] 陈日荣编著：《宝砚风华录》，北京：语文出版社，1998 年版，第 99 页。

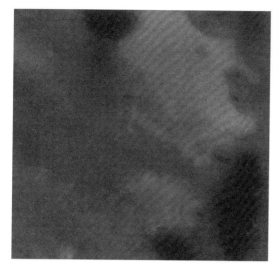

图 4-2-5　浮云冻

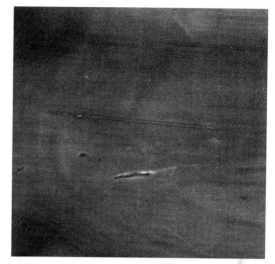

图 4-2-6　青花

因其颜色古朴，发墨不损毫，很受文人墨客及收藏家的喜爱。

（5）青花

"青花"之词，源于瓷器釉彩名，意指一种白底蓝花瓷器从内部透出来的彩色。唐代诗人李贺在《杨生青花紫石砚歌》中，首次把"青花"引用到端砚中，流传至今。

青花是端砚石中最难得、最名贵的石品花纹，它隐现在砚石中，呈青蓝色的微小斑点，也有呈青黑色、黄棕色的。平常在砚石上看不到这些小斑点，只有将它磨光后湿水或沉浸在水中，"青花"才会显露在砚面上。（图 4-2-6）

明代以前古人不论青花，明清时期，很多收藏家、鉴赏家及文人墨客，认为青花是端砚石之精华，并对"青花"石品特征描写得更加细腻、精彩。如清代朱栋《砚小史》称："凡有青花之石，质地必细腻、幼嫩滋润。"可谓："欲细不欲粗，欲活不欲枯，欲沉不欲露，欲晕不欲结，欲浑不欲破"。[25]（宋代米芾《砚史》）青花在端砚石品中非常难得。《石语》载："纯粹秀嫩一片，真气如新泉流，又如云霞氤氲，温柔软暖，斯为石之髓"。[26]

从地质学上讲，专家认为青花是砚石与地下热深接触发生变质作用的产物。它是鉴别优质端砚石的重要标志之一。

[25] 陈日荣编著：《宝砚风华录》，北京：语文出版社，1998 年版，第 88 页。
[26] 陈日荣编著：《宝砚风华录》，北京：语文出版社，1998 年版，第 87 页。

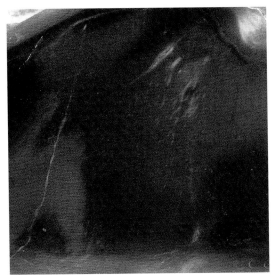

图 4-2-7　微尘青花　　　　　　　　　　　图 4-2-8　鹅毛毦青花

青花品类繁多，形态丰富多样，变化万千，神秘莫测。历代砚雕家们通过长期实践探索，总结出一套辨别各种青花的办法，现作简要介绍：

①微尘青花

微尘青花，青蓝色质地，微细如尘，古人对其评价最好。要观赏时，最好用木盆装水，将砚沉于水中，其石品便能隐约浮现出来。它的天然色彩，疏密交错相间，多数聚集在砚石的某一部位，也有的疏落散布在砚石的侧边。最佳的微尘青花，如果出现在"鱼脑冻"或"蕉叶白"的砚石上更显名贵。

砚雕师遇到这样的砚石，一般都会精心设计成砚板或者把微尘青花石品署于砚堂中，以供欣赏。（图 4-2-7）

②鹅毛毦青花

吴兰修《端溪砚史》载：鹅毛毦青花在砚石中"有极细青花，小如蚁脚，日下视之，浮动而生"[27]。它呈青蓝色细而短小的条纹，在欣赏这种青花时，必须是端砚成品，要在阳光下以水湿石，通过阳光的照射，砚石上会隐约呈现出极细而短小的条纹状，由上而下垂挂，犹如雏鹅脱壳而出时的胎毛。或似一丛茸茸的细毛在水中浮动，美妙至极。这种砚石在斧柯山端溪水一带的老坑、坑仔岩、麻子坑中才偶有发现。砚雕师在创作时

---

[27] 陈日荣编著：《宝砚风华录》，北京：语文出版社，1998 年版，第 89 页。

尽量将其石品置于砚堂之中，以供观赏。（图 4-2-8）

③蚁脚青花

蚁脚青花，如蚂蚁脚状，古人又称"虮虱脚青花"。李氏《砚辩》载："其石温润软结、有极细青花，小如蚁脚，疏疏落落，与其他青花混聚一起，呈青黑色，间或白色"。[28]

由于其青花形状细小并散落在砚石的某一部位，或与其他混在一起，缺少鉴赏经验的人是很难发现的，即使是制砚师们也要通过沉水细察才能看到。此类砚石大多隐现在坑仔岩、朝天岩、宣德岩、白线岩等砚石中。（图 4-2-9）

④萍藻青花

萍藻青花在端砚石中十分少见，因此专业制砚师傅才能识别。清代朱彝尊《说砚》载："沉水观之，若有萍藻浮动其中者，是曰青花。"[29] 色成翠绿、淡紫或青蓝，沉水观之乃见。如将端砚置入清水中，只见萍藻青花石品时隐时现地连成一串，非常神奇美妙。（图 4-2-10）

⑤雨霖墙青花

雨霖墙青花，又称"点滴青花"。如筋斗大，其点如碧玉一样晶莹，又如屋漏之水从屋檐滴下来。它呈青蓝色的点状，大致平行定向展布。"有时似暴风骤雨般的情景，点点滴滴横斜在砚中，有时似连绵不断的小雨点飘落在砚石上。"[30] 后者是雨霖墙青花的上品。如将有雨霖墙青花石品的砚台放入水盆中，可看出其石品的天然之妙。（图 4-2-11）

⑥鱼仔队青花

鱼仔队青花呈青蓝色，"这种青花的特点是呈小块条，如一群细小的鱼儿结队游玩，有的三五成群，有的则离群脱队自动游动，活像一幅'鱼乐图'。浸水观之，乐趣无穷"，又"或如鱼儿队行走者"。[31] 更难得的是，鱼仔队青花有时还会与萍藻青花同时出现在老坑石的冰纹之内，其石品更稀有珍贵。（图 4-2-12）

---

[28] 陈日荣编著：《宝砚风华录》，北京：语文出版社，1998 年版，第 89 页。
[29] 陈日荣编著：《宝砚风华录》，北京：语文出版社，1998 年版，第 87 页。
[30] 柳新祥著：《中国名砚·端砚》，长沙：湖南美术出版社，2010 年版，第 78 页。
[31] 同上。

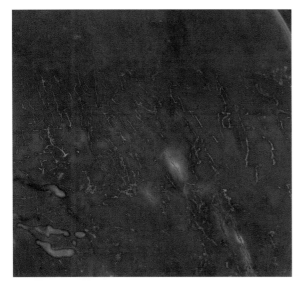

图 4-2-9　蚁脚青花

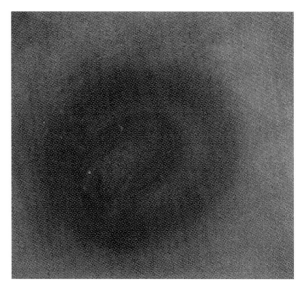

图 4-2-10　猪肝冻火捺

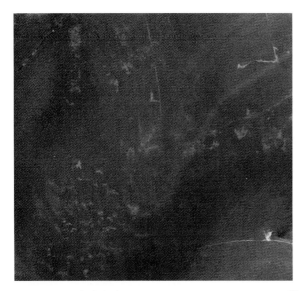

图 4-2-11　萍藻青花

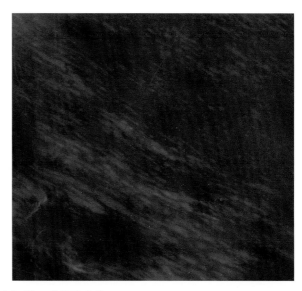

图 4-2-12　雨霖墙青花

⑦子母青花

子母青花，又称"蝇头青花"。"像母子相随的大小青黑斑点相伴在一起，偶有大小不同等的斑点并排一处，状如苍蝇的两只眼睛，石工呼之为'蝇头青花'"[32]。但又以大小相称为佳。这些青花或相互挨靠，或彼此分离，或欲舍离，或成片成行，枯而燥者，皆不足重。

子母青花在端砚石品中也极少见，正是因为它在青花石品中不易被人重视和发现，因此在砚雕作品中很少被提及。

⑧玫瑰紫青花

玫瑰紫青花，呈青蓝色圆点，也有呈椭圆形的。它在青花石品中较常见，粒径约在1毫米至2毫米之间，散落在其他青花之间。如果把砚石沉浸在水盆中，就可以清晰地看到玫瑰紫青花的美妙特征：没有石眼那种碧绿有晕，而是一种体形比较大（绿豆般大小）的圆形青花点。清代吴兰修《端溪砚史》载："青花大如豆，小如椒实，颗颗有胭脂，一缕回环者，曰玫瑰紫青花。"[33]

古人对玫瑰紫青花赋予吉祥如意和象征性意义。带有玫瑰紫石品的砚极其名贵稀有。其石质非常细腻、幼嫩、滋润。不像别的青花那样密集地积聚在一起，而是大小疏落在砚石各个部位。最好的玫瑰紫青花是圆形内侧像割开的玫瑰，外侧有胭脂火捺围住。如果与其他青花同时出现，色泽深浅相衬，显得斑斓多彩，美不胜收。（图4-2-13）

⑨蛤肚纹青花

蛤肚纹青花呈淡青、白、黄三色，还有的带白色线圈混杂在一起，它由无数白色斑点密集形成，看上去像青蛙肚。这种青花石品不算名贵，但极少见。如把砚石沉入水中仔细观察，其石品仿佛在水中浮游。（图4-2-14）

⑩冬瓜瓤青花

冬瓜瓤青花，呈不规则块状，似冬瓜瓤，较分散，并有火捺及蕉叶白等石品包围。古今收藏者很看重冬瓜瓤青花，清代高固斋曰："端石中，有冬瓜瓤者，为绝品，与青花、

---

[32] 陈日荣编著：《宝砚风华录》，北京：语文出版社，1998年版，第88页。
[33] 陈日荣编著：《宝砚风华录》，北京：语文出版社，1998年版，第89页。

蕉叶白并珍。"[34]

　　冬瓜瓤青花石质娇洁、滋润，嫩如莲藕。其特征比较明显，形状也易辨别，只要将砚石沉入水中就能清楚地看到它的美丽花纹。（图4-2-15）

　　⑪有眼青花

　　有眼青花，古人称赞其青花"非云非霞，若星若雾，紫文黑章，骈跗叠萼，花聚之处，可察眼路"[35]。（曹秋岳语）凡有青花、石眼之石，其石质必然幼嫩、细腻、滋润。它大多隐藏在老坑、坑仔岩、麻子坑、冚罗蕉、朝天岩等名坑石的各种石品之中。当然，观看这样的石品一定要将其石沉浸于水中观之，通过日光照射，其石品会完美地展现在你的眼前，可尽情享受砚石中神秘莫测的天然之美。（图4-2-16）

　　在砚石上有青花石品出现已非常难得，而在青花中生成石眼，二者合一，更稀有珍贵。

　　⑫青花结

　　青花结呈黑色圆点或块状，形似小火捺。

　　清代吴兰修《端溪砚史》载："大如指，小如豆，形若鹅毛毦在外，有黑，或胭脂晕环之者，谓之青花结。"[36]

　　青花结呈块状，生于老坑石之鱼脑冻石品之内，其石质细腻、娇嫩，石品名贵难得。沉水观之，犹如茸毛在水中浮动，见于少数老坑、坑仔岩、麻子坑等砚石中，在冚罗蕉及宣德岩石中偶有发现。

　　那么，以上各种青花又是如何形成的呢？

　　地质专家解释说："青花的地质学名称为铁矿物质点。即砚石内的粉末状赤铁矿、磁铁矿、菱铁矿、绿泥石等聚集成小于0.5毫米的质点。因为水白云母是透明矿物，上述几种铁矿物是五彩的、不透明的，所以当砚石中有上述铁矿物聚集点时，将砚台置于水下观察，就会从砚石内透出不透明的铁矿物聚集质点，若对着阳光看，效果更好。另外，因为水白云母型泥质岩（含其他亚种岩石），普遍具定向构造，矿物沿一定方向平行排

---

[34] 陈日荣编著：《宝砚风华录》，北京：语文出版社，1998年版，第87页。
[35] 同上。
[36] 陈日荣编著：《宝砚风华录》，北京：语文出版社，1998年版，第88页。

图 4-2-13  鱼子队青花

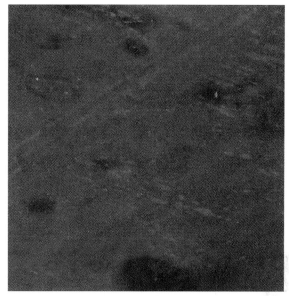

图 4-2-14  玫瑰紫青花

图 4-2-15  蛤肚纹青花

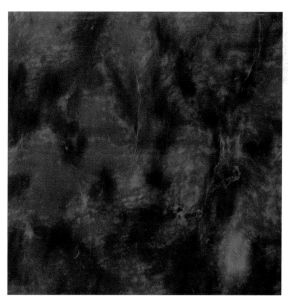

图 4-2-16  冬瓜瓤青花

表6　各种青花石品列表

| 品第 | 青花名称 | 多见 | 兼见 | 青花附于砚石品中的所属部位 |
|---|---|---|---|---|
| 1 | 微尘青花 | 多见于水岩各洞 | 斧柯山诸坑、麻子坑及青花岩等 | 青花附于纯洁紫石之内 |
| 2 | 鹅毛氄青花 | 多见于大西洞三层 | | 青花附于鱼冻或蕉白之内 |
| 3 | 蚁脚青花 | 多见于大西洞三层 | | 青花附于鱼冻或蕉白之内 |
| 4 | 萍藻青花 | 多见于水岩下岩 | | 青花附于蕉白之内 |
| 5 | 雨霖墙青花 | 多见于三洞均有 | | 青花附于蕉白之内 |
| 6 | 鱼仔队青花 | 多见于水岩各洞 | | 青花附于冰纹之内 |
| 7 | 子母青花 | 多见于大西洞二层 | | 青花附于鱼冻或蕉白之内 |
| 8 | 玫瑰紫青花 | 多见于大西洞三层 | | 青花附于鱼冻或蕉白之内 |
| 9 | 蛤肚纹青花 | 多见于朝天岩 | | 青花附于紫石之内 |
| 10 | 冬瓜瓤青花 | 多见于水岩中洞 | | 青花附于蕉白之内 |
| 11 | 有眼青花 | 多见于大西洞顶层 | | 青花附于蕉白之内 |
| 12 | 青花结 | 多见于大西洞三层 | | 青花附于鱼冻之内 |

参考：陈日荣编著：《宝砚风华录》，北京：语文出版社，1998年版，第90页。

列，在不同的岩石切面上看矿物集合体，其形态是不一样的，这就是青花形态多变、名称多样的根本原因。如当切面（维料）与砚石定向构造方向纵向垂直时，铁矿物集合体的形态为细长的——工艺上就称蚁脚青花；若切面垂直定向构造面，形态就如雨霖状或萍藻状等等，由此可知，不同方向的切面会显示不同大小、不同形态的青花。"[37]

（6）火捺，又称"火烙"，似热烤后留下的烙印，形态优美。其色就像熨斗灼烧成紫黑或紫红的色泽，清代孙森《砚辨》载："此石血也，古名火黯，名赤裂，名熨斗焦，红紫黑三色。"[38]（图4-2-17）

它是端砚特有的石品花纹，各个砚坑的砚石中都有火捺，而且分布非常普遍，一般为不规则团状，长1厘米至3厘米，最大15厘米。火捺有老嫩之分，老者紫中带黑、

---

[37]《端砚大观》编写组编：《端砚大观》，北京：红旗出版社，2005年版，第24页。
[38]《端砚大观》编写组编：《端砚大观》，北京：红旗出版社，2005年版，第28页。

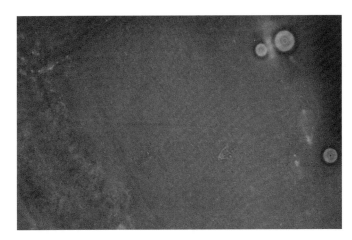

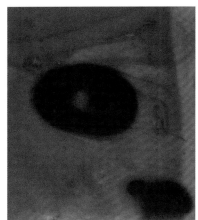

图 4-2-17 有眼青花 　　　　　　　　　　　　　　　　　　　　　图 4-2-18 火捺

嫩者红紫。由于火捺的类别较多，古人根据不同形状、大小进行命名归类，下面作简要介绍。

①金钱火捺

顾名思义，其形状呈圆形或椭圆形，清代梅山周氏《砚坑志》载：金线火捺如五铢钱，四轮有芒，色淡而晕[39]。金钱火捺的中心部位呈深紫色，比一般火捺的颜色要深，从内向外一圈圈呈轮状，但火捺的颜色是由中心往外逐渐变淡。地质专家解释说："金钱火捺的成因，是铁质以黏土碎屑为中心发生聚集，形成了珠形结核，在成岩过程中形成这种石品花纹。铁质（即赤铁矿）呈粉末及微点状，含量7%至10%，粒径0.01毫米左右，赤铁矿自核心向外逐渐减少，所以其中心部位色泽较外围要深。"[40]在雕刻中，艺人会把它放置在砚堂中间或者设计成一轮明月，以增强作品的艺术美感。（图4-2-18）

②胭脂火捺

胭脂火捺，又称"胭脂晕火捺"。石色如胭脂，呈浅紫带红，中心部位色泽较深并逐渐由深色变至浅色。如脸上涂胭脂粉般，又像水墨画一样浓淡相化，色素娇嫩。有的胭脂火捺其外围还有紫气（鱼脑冻、蕉叶白）围之。从审美的角度说，如果砚石有一块胭脂火捺，就能给设计者带来无限的创作空间，有望给作品增添无穷的艺术魅力。（图4-2-19）

[39]《端砚大观》编写组编：《端砚大观》，北京：红旗出版社，2005年版，第170页。
[40] 柳新祥著：《中国名砚·端砚》，长沙：湖南美术出版社，2010年版，第80、81页。

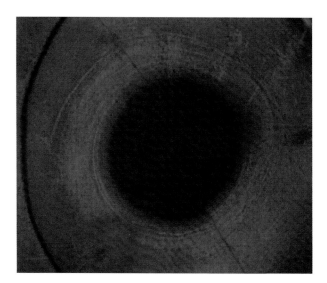

图 4-2-19　金钱火捺

胭脂火捺石品，大多见于老坑、坑仔岩、麻子坑等砚石中。据化学分析，胭脂火捺的形成是因为"在端石中含有微粒状或粉末状的赤铁矿，含量为 3% 至 5%，粒径为 0.01 毫米左右，在成岩过程中铁质矿物相对集中分布，形成了这种稠密浸染状赤铁矿板岩"[41]。

③猪肝冻火捺

猪肝冻火捺，色泽如猪肝，大多数呈圆体或椭圆形，且质地均匀，柔和悦目，略呈脂肪光泽，具有不明显的同心环形构造，中心部位比一般火捺的颜色要深些，由里向外的色素逐渐淡化。

猪肝冻火捺与其他火捺形态色泽相似，但较一般火捺高级名贵。"它的形成是一种含赤铁矿砂的泥质粉砂质组成的结核体。赤铁叶含量为 7%，与沉积物同时沉积并埋藏起来，在成岩作用过程中没有发生铁质转移，并不断聚集周围的线质，形成数重晕圈，它属同生型铁质结核。猪肝冻火捺在北岭山诸宋坑都有出现。"[42]

猪肝冻火捺，如果设计运用恰当，能够给人一种无限的遐想和美的艺术享受。（图4-2-20）

[41] 柳新祥著：《中国名砚·端砚》，长沙：湖南美术出版社，2010 年版，第 80 页。
[42] 柳新祥著：《中国名砚·端砚》，长沙：湖南美术出版社，2010 年版，第 81 页。

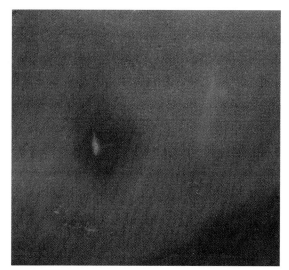

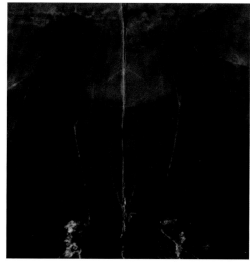

图 4-2-20　胭脂火捺　　　　　　　　　　　　　图 4-2-21　马尾纹

④马尾纹火捺

所谓"马尾纹火捺"，是指端石上分散的、似马尾巴纹状的火捺。条纹呈紫红色，或横或斜，或呈水波纹，或飘拂横斜，或如波纹散落在砚石上，线条流畅，形态自然，粗细相间。

古人对马尾纹火捺也有独到见解，认为它有"马尾临风，飘扬无定"[43]之感。如遇蕉叶白与火捺相接处有细纹缕缕，更是难得一见。马尾纹的成因，是端石中赤铁矿呈条状分布所致。它常见于北岭山宋坑的砚石中，以盘古坑、陈坑、伍坑石上的马尾纹火捺最佳。（图 4-2-21）

⑤铁捺

铁捺，就像烧焦的铁呈现苍黑黯然色，通俗地说，就是在砚石上形成一片既坚硬又黑的块状物。据清代梅山周氏《砚坑志》载，"如火烧漆器，或坚黑如铁，名铁捺"[44]。其部位质地特别硬，滑不可磨，古人又称之为石病，清代吴兰修《端溪砚史》载："铁捺具凝墨，不取。"[45]因此，在砚雕师的设计中，铁捺只能当瑕疵切除掉。

---

[43] 柳新祥著：《中国名砚·端砚》，长沙：湖南美术出版社，2010 年版，第 81 页。

[44] 陈日荣编著：《宝砚风华录》，北京：语文出版社，1998 年版，第 96 页。

[45] 同上。

表 7　火捺石品一览表

| 火捺名称 | 品第 | 砚坑归属 | 发墨 | 原理 |
|---|---|---|---|---|
| 胭脂火捺 | 1 | 老坑、麻子坑 | 良 | |
| 马尾纹火捺 | 2 | 北岭山诸宋坑 | 良 | 砚石中的赤铁矿微粒在成岩过程中自然形成稠密的、或疏散的、或重晕的或高度集中的浸染状和结状，产生了纹色不同的各种火捺。 |
| 猪肝冻火捺 | 3 | 北岭山诸宋坑 | 一般 | |
| 金钱火捺 | 4 | 北岭山诸宋坑 | 一般 | |
| 铁捺 | 5 | 各坑均有 | 不好 | |
| 火焰青 | 6 | 各坑均有 | 不好 | |
| 彩带、被布败棉、松纹 | 7 | 北岭宋坑居多，如双杆宋坑、陈坑、伍坑等 | | |

参考：陈日荣编著：《宝砚风华录》，北京：语文出版社，1998 年版，第 97 页。

⑥火焰青火捺

火焰青，属胭脂火捺类，呈紫赤色或青黑色，坚硬，块状形。滑不可磨。石工呼之为"沥青火捺"。它又类似于铁捺，坚如铁，不发墨，在创作中当视为瑕疵切除。

据地质专家解释，"火捺形成于早期砚石成岩阶段，由铁离子价位较低的菱铁矿、绿泥石、磁铁矿等聚成不同形态的浓集区或围绕某些质点聚集成同心状的浓集区，后期的氧化作用，使低价位（二价）铁离子转变为高价位（三价）的铁离子、菱铁矿、绿泥石等变为褐铁矿，使部分火捺的颜色变成胭脂红色，或者变成铁黑色、猪肝色等"[46]。经地质专家在光学显微镜下鉴定，"火捺是紫色砚石中赤铁矿、磁铁矿、菱铁矿等铁矿物较集中、含量比较多的部分，形态变万化千，常因铁矿物含量不均，铁离子价位不同，而颜色有深有浅。电子探针分析显示，火捺中氧化亚铁（FeO）的含量一般 7% 左右，局部含量可达 18.5%，所以呈现深褐色、浅玫瑰色"[47]。这就是出现各种火捺形态色泽浓淡、深浅不同的奥秘所在。

火捺是紫端石最普遍的石品花纹，任何一个砚坑的砚石都会有火捺的出现，只不过大小、形态不同，色泽、硬度有所差异，它可单独形成图形，也有的与其他石品如蕉叶白、

---

[46]《端砚大观》编写组：《端砚大观》，北京：红旗出版社，2005 年版，第 28 页。
[47] 同上。

鱼脑冻、石眼等组合成天然图像和自然风景，可谓巧夺天工。

2.线纹类

线纹，是指端砚石上所出现的天然线条纹，大多呈白色、黄色，偶尔有紫红色和绿色等。它是端砚石独有的石品。由于这些线纹出自不同的砚石，其色泽、数量、长度、形状等也各不相同，现作简要介绍：

（1）金线、银线、铁线、网纹，就是生长在端砚石中白色和黄色的细线以及两者交织在一起而形成的线纹。明清时期，砚石上的不同色线纹有不同定义。清代计楠《石隐砚谈》如此定义："黄气若缕者，谓之'金线'。而银线，粗者为筋，细者为纹，为线，其呈白色。"[48]李兆洛在《端溪砚坑记》中认为，砚石上有"纵横纹或黄或白，乍视似裂，而细视无瑕者"[49]，工人谓之金银线。

（2）"金线"和"银线"是端砚石独有的石品花纹及特征之一，呈线条状横斜或竖立在老坑石中。后来开采的坑仔岩、麻子坑、朝天岩等砚石中也出现了类似老坑石上的金、银线。不管是金线、银线，在古人看来，如果设计在砚堂中，它会影响研墨，因此，只能算是一种瑕疵。

地质专家解释说："银、金、铁线三种线，原本是银线，金线和铁线是由银线变来的，即在地下水等氧化环境下，含铁白云石、绿泥石等铁矿物折（编者注：析）出铁质后变为黄色的金线，进一步氧化便形成铁线。银线的成因与冰纹相同，差别在于冰纹没有矿物质充填，仅仅是水白云母受热气作用变成了绢云母，而银线则有铁、镁、钙等物质充填，形成新的细矿脉。银、金、铁线的长短不一，宽度小于2毫米（大于2毫米也有，但不称线而称脉），其最大特点是边缘清晰而且线直壁平。"[50]

工艺上所说的"网纹"，就是指粗细金、银线交错密集的分布。由于金线、银线的硬度比老坑砚石稍硬，研磨时打滑，影响使用，古人称之为"石疵"，不推崇金、银线的石品价值。如今人们改变了砚台的使用功能和审美习惯，把金线、银线誉之"一宝"，在创作中砚雕师会根据其走向、色泽长度等，巧妙设计出有田埂、树枝、柳叶等田园特

[48]柳新祥著：《中国名砚·端砚》，长沙：湖南美术出版社，2010年版，第82页。
[49]《端砚大观》编写组编：《端砚大观》，北京：红旗出版社，2005年版，第29页。
[50]《端砚大观》编写组编：《端砚大观》，北京：红旗出版社，2005年版，第29、30页。

色的砚雕作品。（图 4-2-22）

（3）冰纹

"冰纹"是老坑石独特的石品花纹，非常名贵难得。据清代李兆洛《端溪砚坑记》载，凡老坑石上有"细白纹，纵横三五道，白纹旁作微晕，如画家渲染者，谓之冰纹"。吴兰修形容冰纹"白晕纵横，有痕无迹。胃如蛛网、轻若藕丝"[51]。它与砚石融为一体，而不像金线、银线那样将砚石分隔开来。它有时像悬崖上的瀑布一泻如注，有时犹如洁白蜘蛛网，纵横密布。

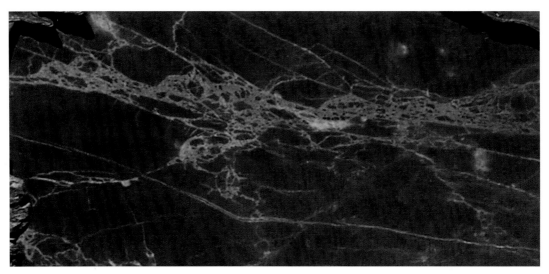

图 4-2-22　金线、银线、网线

地质专家描述说，所谓冰纹，"是指砚石上的花纹，似线非线，似水非水，若悬崖飞瀑，一泻千尺；如高山泉涧，沿壁而流。条纹白色有晕，常向侧边漫化。此为砚石形成后产生的两组剪切裂隙，被碳酸盐填充所致"[52]。

凡有冰纹的砚石，质地特别纯粹秀嫩，清代李兆洛称赞冰纹"为石之髓"并具有"腻若薄粉，缜若刷丝，润若含冻，柔若凝脂，抚之无迹"[53]的特点。冰纹、冰纹冻是老坑石特有的石品花纹，也是鉴别老坑石的重要标志。（图 4-2-23）

端砚石上形成的冰纹，是地下热气沿砚石裂隙上涌，使裂隙两侧的水白云母变成丝

[51]《端砚大观》编写组编：《端砚大观》，北京：红旗出版社，2005 年版，第 27 页。

[52] 高美庆著：《紫石凝英：历代端砚艺术》，香港：香港中文大学文物馆，1991 年版，第 142 页。

[53] 柳新祥著：《中国名砚·端砚》，长沙：湖南美术出版社，2010 年版，第 82 页。

绢光泽的白色绢云母。当裂隙少而不密时，则为"冰纹"。

（4）冰纹冻

冰纹冻是一组面积较大的青白色或浅黄色似霜冻的细条纹。纵横交织，有疏有密，若水纹密集，周围呈现白色，但没有明显的边界。清代吴兰修《端溪砚史》载，冰纹冻"如冰如雪，非烟非雾，乍见之只一片白气，日光照之，如藕丝交，有形无迹者"[54]。它是由火捺、蕉叶白、鱼脑冻、金线、银线等多种石品组成，四周笼以茫茫白雾，外有火捺萦绕，两种石品花纹的质地细嫩纯洁，形态自然美观，是整个端溪砚石中最稀有、最罕见、最名贵的石品，可谓千片石中无一二。

古人对冰纹的成因并不了解，后经地质专家解释得知，冰纹冻与冰纹的成因原理基本相同，都是由于地下热气沿岩石裂隙上涌，使裂隙两侧的水白云母变成丝绢光泽的白色绢云母。当砚石矿体遭受张力作用后产生了裂隙，当裂隙少不密时，则为冰纹，若裂隙发育密集分布，冰纹连成片时，便形成了冰纹冻。[55]（图4-2-24）

冰纹冻是端砚中的极品，唯老坑石才有，得之不易。

（5）彩带纹

古人称之"彩带"，与条纹布相似，又称"彩带布"或"被布"。颜色呈紫红色，似马尾状。中间并夹有淡红色，其线条较宽阔，层次分明，犹如一条交织的布袋映在砚石上。

此石品多出现在北岭山宋坑、陈坑和伍坑等砚石中，石质密实细腻，色彩红润，有时带有火捺出现，有"宋坑王"之称。古人常将它作为实用砚材设计淌池砚、单打砚等。特级宋坑石上有金线、火捺和彩带纹、玉带纹以及胭脂晕石品。（图4-2-25）

（6）玉带纹

玉带纹基色为白，长者为带、短者为点而生于砚石上，有雅洁之美感。

清代计楠《石隐砚谈》载："白凝于绿纤而长者，谓之玉带。"[56]其实，玉带纹与彩带纹的形态相似，但色泽不同，产地也不相同。有玉带纹之石，宋代就已开采。多产

[54] 柳新祥著：《中国名砚·端砚》，长沙：湖南美术出版社，2010年版，第83页。
[55]《端砚大观》编写组编：《端砚大观》，北京：红旗出版社，2005年版，第29页。
[56] 同上。

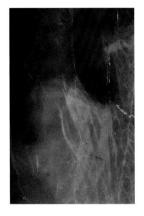

图 4-2-23　冰纹　　　　　　图 4-2-24　冰纹冻　　　　图 4-2-25　彩带纹

于羚羊山白线岩石中以及斧柯山诸坑砚石之中，而彩带纹出产于北岭山宋坑石中，玉带纹如果设计巧妙，可谓锦上添花。

经光学显微镜鉴定，"玉带为沉积岩的水平层纹，厚 0.5 毫米至 1 毫米，是矿物质和粒级交替形成的，若反复交替出现红、白、黄、绿等颜色的水平层纹时，则称彩带或当地石工称谓的被布（纹）"[57]。

3. 斑点类

在端砚石中，最常见的是斑点类，它主要分布于各类砚石中，有大有小，有长有短，色泽或紫红、或碧绿、或黑白，丰富多样。

（1）翡翠

翡翠，是端石中呈翠绿色的圆点，有的呈椭圆点斑、块或条状。清代计楠《石隐砚谈》载："凝绿若洒汁，谓之翡翠。"[58]它既无瞳子，又不像石眼那样圆正，外围没有明显的蓝黑色边缘，但它跟石眼有着密切的关系。砚雕艺人有时称翡翠（条状）为"青脉"，认为"有青脉者必有眼"[59]。因此，创作中砚雕师会按青脉的走向寻找石眼。

翡翠的种类也较多，主要有：翡翠纹、翡翠斑、翡翠点、翡翠条和翡翠块。

①翡翠纹

清代吴兰修《端溪砚史》载："不成眼样，谓之翡翠纹。"[60]翡翠纹，一般出现在

[57]《端砚大观》编写组编：《端砚大观》，北京：红旗出版社，2005 年版，第 31 页。

[58] 柳新祥著：《中国名砚·端砚》，长沙：湖南美术出版社，2010 年版，第 84 页。

[59] 柳新祥著：《中国名砚·端砚》，长沙：湖南美术出版社，2010 年版，第 84 页。

[60] 陈日荣编著：《宝砚风华录》，北京：语文出版社，1998 年版，第 99 页。

老坑、麻子坑、坑仔岩及斧柯山东诸坑的砚石中，呈不规则纹带状，色泽翠绿，石质细腻，滋润益墨。

②翡翠斑

在端石中出现大小不等或块状的绿色斑，称为"翡翠斑"。砚雕艺人在创作时可以把翡翠斑设计成各种瓜果或鸟兽等艺术造型。

③翡翠点

即端溪砚中出现的翡绿色斑点，清代吴兰修《端溪砚史》载："晴晕俱无，谓之翡翠点。"好的翡翠点一般在 1 毫米至 3 毫米左右，不知者，以为死眼。如果将翡翠点用刻刀铲下去，会出现两种情况：一是翡翠点可能会消失，二是可能出现似石眼般的翡翠块。

④翡翠条

清代吴兰修《端溪砚史》载："青脉即翡翠条也。"[61] 翡翠条呈条带状，色碧绿，走向不规律或弯曲。砚雕艺人把翡翠条设计成竹节、树干（枝）等，会起到装饰美化作用。

⑤翡翠块

翡翠块多见于端溪斧柯山之老坑各洞砚石以及其他诸坑砚石，体型较大。人们在其上平时很难见到类似块状的翡翠石品，其翡翠本身不损毫，但也不发墨，均作装饰美化之用。

（2）金星点

清代计楠《石隐砚谈》载："向日视之，有若繁星者，曰金星点。"[62] 金星点在北岭山且诸宋坑有之。向日视之，必有点点金星闪耀。

在研墨使用时，金星点最快且不损墨。（图 4-2-26）

（3）银星点

清代《端溪砚坑考》载："小湘石有银星，多不发墨，止可调朱……向日视之，有银白如繁星者，曰银星点。"[63] 陈光裕在《古宋坑·功德研》载："巽为德，散为功，银星闪闪墨花浓。"[64]

金星点多见于北岭山诸宋坑，银星点多见于小湘坑，两者各具特点。

[61] 陈日荣编著：《宝砚风华录》，北京：语文出版社，1998 年版，第 99 页。
[62] 同上。
[63] 陈日荣编著：《宝砚风华录》，北京：语文出版社，1998 年版，第 100 页。
[64] 同上。

（4）玉点

玉点，呈白点状，大如绿豆者，又似石榴仁。玉点为分解石和石英的结晶团粒，近似等轴状，直径5毫米左右，外形似石榴仁，有人又称其为"白砂钉"。除老坑石常见外，麻子坑、朝天岩等石也有见。由于玉点硬度极高，在创作中一般会将其作为瑕疵去掉。

（5）古斑

古斑，古砚之斑，清代计楠《石隐砚谈》载："如云霞灿烂者，谓之古斑。"它多见于水岩、麻子坑、坑仔岩、瓜罗蕉、朝天岩等处所产砚石，其石不损毫、不发墨，雕琢时，半留本色，尽显天然古朴之美。

乾隆弘历十分喜爱古斑之色，曾在旧宋端古斑洛书砚上题铭"阅世七百余年深，古香古友过球琳。刻作灵龟洛书任，敛时敷锡吾惟钦"[65]。

4. 石疵类

所谓石疵，即是砚石上出现的石病，袒露在砚石上。据地质专家介绍，这些石疵经退后生作用形成，主要由褐铁矿物、菱铁矿、绿泥石、赤铁矿、方解石、石英等矿物组成。从审美角度看，它生在砚面上，确实影响砚台的美感，不过，如果艺人会巧妙运用一样能起到画龙点睛的艺术效果。

（1）五彩钉

五彩钉又称"五彩斑"，是老坑石的独有标志。

清代李兆洛《端溪砚坑记》载："老坑之钉，或白如玉，或红如丹砂，或黑如漆，或青如黛，有一钉中而五彩兼备者，工人谓之'五彩钉'。"[66]老坑砚石上的五彩钉，白质地中夹杂绿色、黄色、墨绿、赫石色、青蓝色、紫色的结晶状体，十分坚硬，直径在0.5厘米至1.5厘米之间，有的呈姜状，形态不规则，长度可达5厘米。五彩钉为铁矿物团粒，它是由黄褐色、菱铁矿、红色赤铁矿、绿色绿泥石、黑色磁铁矿、白色白云石、分解石、石英等高聚集混杂成团，颜色鲜艳，性属火捺。五彩钉内的铁矿物被氧化后变为朱红色，称为"朱砂钉"，呈玫瑰色的称为"玫瑰紫"。

[65] 陈日荣编著：《宝砚风华录》，北京：语文出版社，1998年版，第102页。

[66]《端砚大观》编写组编：《端砚大观》，北京：红旗出版社，2005年版，第32页。

图 4-2-26　翡翠斑、翡翠条　　图 4-2-27　五彩钉

五彩钉在砚雕中虽然为石疵，但它是辨别老坑砚石的主要特征之一。在创作中，砚雕师们可巧妙设计为爬虫、瓜果、花瓣等各种花纹图案。（图 4-2-27）

（2）虫蛀

剥食虫啮者，谓之虫蛀。"虫蛀"，并不是砚石被虫咬（啮），而是砚石的一种自然风化。它多见于老坑及坑仔岩、麻子坑及斧柯山诸坑砚石。

清代曹溶《砚录》载："有虫蛀石中夹砂、砂体水啮之而空，乃成剥蚀之状。"[67]虫蛀通常出现在麻子坑石的边皮或靠近底板部位。偶有出现似虫蛀的千疮百孔，或如风化的岩穴。其色近黄褐，有时是黄褐带几点黑色。虫蛀石虽然是一种瑕疵，但它有一种出自大自然的朴实美。砚雕艺人可利用其天然风化之石形巧妙雕成随形"松皮""假山"等天然砚。（图 4-2-28）

（3）黄龙

黄龙，俗称"黄龙纹"，清代吴兰修《端溪砚史》载："有黄气或成条，或成段，色如淡金者，曰黄龙。"[68]在端砚石中，有的黄龙呈腾飞状，有的成虹状。黄龙纹虽然是端石中的瑕疵，但只要构思巧妙，运用恰当，同样能成为名贵石品，点缀主题。斧柯山麻子坑、坑仔岩、朝天岩等砚石均有黄龙纹。（图 4-2-29）

[67] 柳新祥著：《中国名砚·端砚》，长沙：湖南美术出版社，2010 年版，第 87 页。

[68] 陈日荣编著：《宝砚风华录》，北京：语文出版社，1998 年版，第 102 页。

图 4-2-28　虫蛀

（4）黄膘

黄膘，即是子石之表层，又称"石皮"。清代计楠《石隐砚谈》载："有如玉之瓜蒌者，断去方见砚材，世所谓子石之黄膘也。"[69] 它多见于斧柯山老坑、坑仔岩、麻子坑、朝天岩、古塔岩等诸坑砚石。在制作中砚雕师们会利用其天然之形，或半雕半琢，或在石中间只开一砚堂（池），即可达到自然审美的效果。（图 4-2-30）

（5）朱砂钉

朱砂钉，又称"朱砂点"。呈红色，状如铁钉，十分坚硬，影响研墨，故砚雕艺人往往会避在墨堂之外，或切除。朱砂钉在斧柯山诸坑砚石中均有。

（6）鲴边

鲴边又称"鳝血边"。色呈赫，主属火捺之类。多见于斧柯山诸坑砚石，艺人们多将鲴边设计到砚堂周边。

（7）天地分

清代吴兰修《端溪砚史》载："其纹理横生者，曰天地分。"[70] 研磨时，不损毫，也不发墨。在所有端砚石中都能见此石疵，但一块砚石以"天地分"为齐。往往是一边

---

[69] 陈日荣编著：《宝砚风华录》，北京：语文出版社，1998 年版，第 104 页。

[70] 陈日荣编著：《宝砚风华录》，北京：语文出版社，1998 年版，第 103 页。

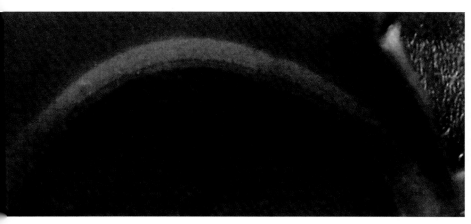

图 4-2-29　黄龙纹

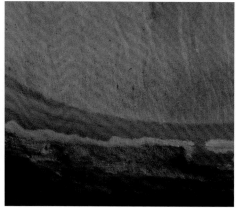

图 4-2-30　黄膘

石质细腻柔软，另一边质地坚实粗糙，含砂质多。

（8）油涎光

油涎光又称"油屎"，砚石瑕疵之一，呈不规则点状、块状。散布于砚石上，似倒泼在桌面上的油涎。斧柯山诸坑砚石均有。

（9）凤涎

凤涎又称"蚯蚓纹"，形如蚯蚓状。清代计楠《石隐砚谈》载："如蚓者谓之凤涎。"[71]在砚石中出现极为普遍，颜色有灰蓝、灰青、淡绿不等，形状有时如折断的蚯蚓。它多见于虎尾坑砚岭诸岩，砚雕艺人根据蚯蚓纹的状态，巧妙构思，加以利用。浸水观之可享受天然造化之美。

（10）石线

石线是端砚石中最常见的一种石疵，它有别于名贵砚石中的金线、银线和玉带线。多为白色或红色，呈粗线状或条状，线条不均匀，纵横交错，而且线中夹有青紫色斑点。质地僵硬，不宜研墨，故在设计砚时将其放在砚堂之外，或除之，或将其设计成各种花纹图案。石线多见于北岭山诸宋坑、蕉园梅花坑的砚石中，斧柯山山脉等砚坑石中也常见。

[71] 陈日荣编著：《宝砚风华录》，北京：语文出版社，1998年版，第103页。

## 二、石眼的种类

端砚石眼的形成，古人也作过探讨，但由于技术设备落后，无法向纵深层次研究，只能通过长期实践经验，从表面上来说明石眼的特点，比如要想发现石眼，只能靠感知："石之青脉者，必有眼。嫩则多眼，坚则少眼。"[72]（宋代无名氏《砚谱》）这种说法虽有道理，但缺乏科学根据。

广东省地质矿产物局七一九地质大队《端砚地质调查报告》1985年打印本资料介绍：石眼，是一种含铁质结构体。产于含铁水云母页岩之中，与黏土和铁质有着密切的关系，常分布于小侵蚀面上，呈现条纹、条带状构造，小型斜交层理发育的砚石内。形态呈圆形、椭圆形、卵形、扁豆形。按内部结构可分为实心和空心结核，以及单体和复体结核等类型。按其形状及各种结核与围岩的关系分析，可知这些结核均是在沉积岩的不同阶段内形成。

成岩早期阶段形成以黄铁矿为核心的结核，可能是古代早已埋藏的钙质或生物碎片而成的结核，如老坑所见。这种结核的特点是与围岩的接触界线呈过渡关系，结核的成分除铁质外，与其他基质相似。在成岩过程中形成的结核，夹于紫色铁质条带内，呈椭圆体或球状，如坑仔岩、麻子坑、蕉园坑等地所见。直径一般在3毫米至5毫米，个别大的在7毫米至10毫米。这种结核与围岩的关系是不切层理。但层理绕过结核边缘弯曲，靠近结核的细层受挤压产生变薄的现象，内核由黄铁矿粒状集合体与一些微晶绿泥石或云雾状铁质灰尘相间成包壳，或黏土附着褐铁矿、赤铁矿物粉末组成结核，表面呈青灰色或黄绿色。而在缺少铁质成分的砚石中，有一些球形结核是空心的，谓之"死眼"，是由黏土矿物为核心，或粉砂质岩屑，吸附很薄一层青绿色的氢氧化铁成包壳，这种结核可能是成岩作用后期完成的，如梅花坑、宋坑等。也有的空心结核被层面穿过，其中心是黏土物质，被绿泥石矿物所包裹成青色的外壳。

此外，还有的结核分布于小侵蚀面附近，被粉砂岩覆盖，其结核以不同碎屑为核心，铁质外壳常形成数层同心圆晕圈，这种结核属同生结核。因此，"砚石的石眼这种含铁质结核体是沉积埋藏后，在成岩作用过程中不断聚集铁质成分，形成十至十数重晕圈的

---

[72] 柳新祥著：《中国名砚·端砚》，长沙：湖南美术出版社，2010年版，第95页。

花纹，即鸲鹆眼”[73]。是石眼砚石中名贵而又稀有的石品。端砚石眼质地高洁，细腻晶莹，十分名贵，品类繁多，可大致归为三类：

1. 从形态划分

石眼以其形似的物象而定名，多以鸟兽类之眼来命名。

（1）鸲鹆眼

色翠绿，石眼中央夹有黄、碧、绿各色，晕作数层（6层至8层的为多，也有十多层的），石眼瞳子圆正，或外形呈椭圆形，形如鸲鹆鸟（亦称八哥鸟）之眼。眼直径一般为1厘米，偶有直径达2厘米的，最佳者为青翠绿色，特点是眼外圆、内碧，端正、有神，层晕分明、深浅相间，晕有五层、七层或九层，晕中有晴。鸲鹆眼是非常难得而名贵的石品，只出于老坑、麻子坑、坑仔岩石中。（图4-2-31）

（2）鹦鹉眼

鹦鹉眼又称“鹩哥眼”，色泽亦以翠绿为上，中间有瞳子，瞳子为黄黑相间，眼晕作数重，比鸲鹆眼要小些。（图4-2-32）

（3）鸡翁眼

鸡翁眼又称“公鸡眼”，像雄鸡眼般大小，正圆，眼色黄绿，眼晕黄绿相间，中间的黑点较为明显。（图4-2-33）

（4）雀眼

形状圆正，形如雀之眼，晕作数重，以黄绿色为主要色调，直径一般在5毫米至6毫米。

（5）猫眼

晕作数重，眼及瞳子中有垂直线。北岭山东端、大冲村一带梅花坑砚石上有猫眼。（图4-2-34）

（6）鹅眼

扁长不圆，或呈椭圆形，色黄绿，瞳子黄黑色，有的有双重晕，直径最小在5毫米至6毫米，最大鹅眼直径达40毫米至50毫米之间，但少有晕，如鹅蛋。（图4-2-35）

[73] 高美庆著：《紫石凝英：历代端砚艺术》，香港：香港中文大学文物馆，1991年版，第143页。

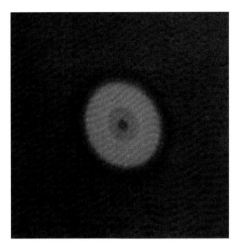

图 4-2-31　鸲鹆眼

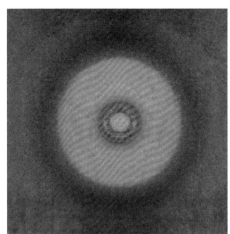

图 4-2-32　鹦鹉眼

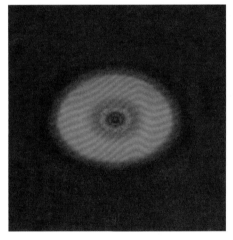

图 4-2-33　鸡翁眼

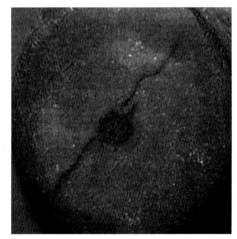

图 4-2-34　猫眼

（7）珊瑚鸟眼

眼的周围色泽青绿，其瞳子稍带赤色，形体较小，大的一般不超过 10 毫米，小的只有 2 毫米至 5 毫米不等，有时会密集地聚在砚石的某一部位。（图 4-2-36）

（8）象眼

形状细长，不圆正，有时如卵石，似大象的眼睛，色泽均为黄绿色。

（9）象牙眼

石眼呈近似象牙白，瞳子中间有黑点，一般多见于老坑和坑仔岩石。（图 4-2-37）

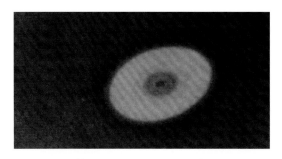

图 4-2-35　鹅眼

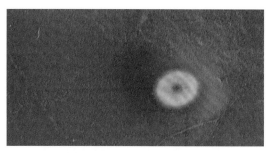

图 4-2-36　珊瑚鸟眼

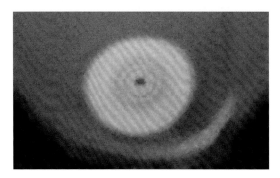

图 4-2-37　象牙眼

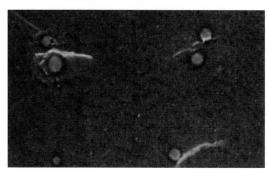

图 4-2-38　绿豆眼

（10）鸦眼

椭圆形，呈黄色，黄瞳子，石眼细小，斧柯山、羚羊山各砚坑石中多出现此眼。

（11）绿豆眼

其颜色与绿豆非常相似，为青绿加一点土黄的混合色，形体如绿豆般大小，无瞳子。
（图 4-2-38）

（12）螺眼

形状大圆，如田螺。呈黄绿色，无瞳子。多见于梅花坑、蕉园坑（有眼宋坑）、古
塔岩等砚石。

2. 从神态区分

石眼生长在砚石中，由于"结核体"在成岩中受多种因素影响或挤压，从而形成了
不同的石眼神态。

（1）怒眼

像野兽发怒时的眼睛，眼睁大，而瞳孔黑小，眼呈黄色，圆形。斧柯山东羚羊峡诸砚石，

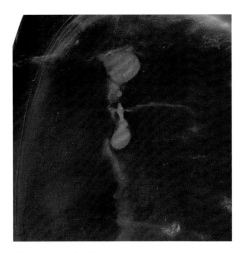

图 4-2-39　泪眼

图 4-2-40　盲眼

中均有此类石眼。

（2）泪眼

石眼像流泪一样，下眼呈滴水状，下沿的边线模糊。色黄或翠绿，有的泪眼或青或黑，呈不规则形，多见于典水梅花坑、北岭山梅花坑、宋坑等诸坑。（图 4-2-39）

（3）翳眼

眼的外围形状不清，有点模糊，眼中无瞳子，或瞳子模糊不清，分不出层次，多见于北岭山梅花坑及宋坑等诸坑。

（4）盲眼（瞎眼）

眼色呈黄白带黑色，无瞳子，眼一般在 3 毫米以下。（图 4-2-40）

（5）死眼

没有瞳子，无晕，更没有层次的石眼。老坑、麻子坑、坑仔岩偶有发现，端砚诸坑均有此类石眼。（图 4-2-41）

（6）活眼

活眼线条清晰，轮廓分明，像鸟兽的眼睛那样灵活、可爱。宋代李之彦《砚谱》载："圆晕相重，黄黑相间……晶莹可爱，谓之活眼。"[74] 老坑、坑仔岩、麻子坑、宣德岩

[74] 柳新祥著：《中国名砚·端砚》，长沙：湖南美术出版社，2010 年版，第 94 页。

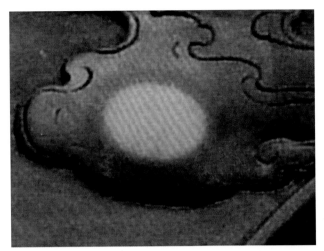

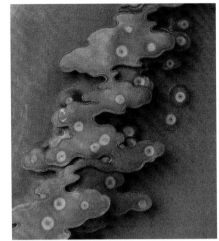

图 4-2-41　死眼　　　　　　　　　　　　　　图 4-2-42　高眼

等砚石中均有此眼。

### 3. 从艺术造型区分

所谓艺术造型，就是通过各种雕刻手段，把砚石上的石眼艺术化，达到最美效果。

（1）高眼

高眼，就是高出砚平面或立足于砚上的石眼。古人云："高眼尤为人所爱尚，以其不为墨所渍掩。"[75] 古人以墨池作界定，认为所有石眼不能高于墨池。但从审美角度说，高眼具有很强的艺术层次感。（图 4-2-42）

（2）低眼

宋代唐询《砚录》载：生于其内者即谓之"低眼"。低眼即低于砚平面，或出现在砚堂或砚池中间，往往是在雕刻过程中从砚石里发现的，砚雕师根据低眼的特点，巧妙构思设计出各种纹饰图案。

（3）平眼

平眼就是与砚额或砚堂相平的石眼，这种石眼大多在雕刻制作时才被发现，此种砚石极其完美而珍贵。

[75] 柳新祥著：《中国名砚·端砚》，长沙：湖南美术出版社，2010 年版，第 94 页。

（4）镶眼

镶眼又称"嵌眼"或"贴眼"。砚雕师通过一定的艺术手法，将质地晶莹、品相较好的石眼，嵌于另一块砚石所需要创作的部位，以增加作品主题的艺术性。（图4-2-43）

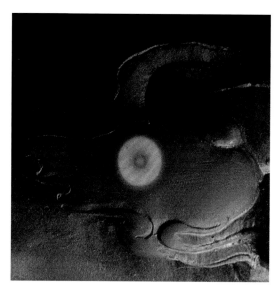

图 4-2-43　镶眼

表 8　端砚石眼品类及鉴别一览表

| 品第 | 名称 | 形状 | 眼色 | 眼晕 | 瞳子 | 面积 | 所属砚坑 |
|---|---|---|---|---|---|---|---|
| 优 | 鸲鹆眼 | 正圆如鸲鹆鸟眼 | 翠绿 | 多晕为奇数外有黑线圈黑白晕相间 | 黑瞳子，瞳外或黑如漆、白如银 | 大如小指头，最大直径2厘米 | 水岩、麻子坑、古塔、坑仔岩，多见烂柯山各种砚坑间或有之，羚羊山各砚坑亦间或有之 |
| 优 | 鹦哥眼（哥眼） | 正圆 | 翠绿 | 数重 | 黑瞳子黄白相间 | 眼比眼稍小些 | |
| 良 | 鸡翁眼 | 正圆 | 黄绿 | 黄绿相间 | 中有黑点 | 如鸡眼般大小 | |
| 良 | 麻雀眼 | 正圆 | 黄绿 | 数重 | 黑瞳子 | 如鸡眼大，5毫米至6毫米 | |
| 中 | 鹅眼 | 扁长不圆 | 黄绿 | 数重 | 瞳子黄黑色 | 如鹅眼大 | 典水梅花坑 |
| 差 | 螺眼 | 若人张目状 | 黄绿 | 数重 | 无瞳 | 眼大于螺 | 阿婆坑 |
| 良 | 猫眼 | 正圆 | 黄绿 | 数重 | 瞳子及眼明显 | 如猫眼大 | 上岩 |
| 中 | 象牙眼 | 象牙形 | 乳黄 | 数重 | 黑瞳子 | | 坑仔岩 |
| 差 | 象眼 | 细长如象眼 | 黄绿 | 数重 | 无瞳 | | 烂柯山、羚羊山各砚坑间或有之 |
| 中 | 珊瑚鸟眼 | 形体较小 | 青绿 | 数重 | 瞳子稍示色 | 3毫米至1厘米 | |
| 中 | 鸦眼 | 椭圆形 | 黄 | 数重 | 黄瞳子 | | |
| 中 | 绿豆眼 | 绿豆形 | 绿豆色 | 数重 | 青瞳子或无瞳 | 绿豆大 | |
| 中 | 怒眼 | 正圆 | 红黄 | 小而疏 | 瞳子黑而小 | 2厘米以下 | |
| 差 | 泪眼 | 正圆 | 翠绿 | 四旁若渍 | 眼翳不明 | 同上 | 梅花坑 |
| 差 | 泪眼 | 正圆 | 或青或黑 | 横乱其眼 | 眼翳不明 | 同上 | 梅花坑及北岭山各砚坑均有 |
| 差 | 盲眼 | 正圆 | 黄白兼黑 | 横乱其眼 | 瞳子中有白点 | 同上 | |
| 差 | 死眼 | 正圆 | 光彩全无 | 无眼晕 | 有瞳子 | 同上 | |
| 优 | 活眼 | 圆如珠 | 晶莹可爱 | 眼晕清晰、黄黑相间 | 翳睛在内、轮廓分明 | 同上 | 水岩、麻子坑、坑仔岩 |
| 无等第之分 | 高眼 | 眼生墨池外者，以不为墨掩，常可睹也 | | | | | |
| | 低眼 | 眼生墨池之中或砚堂的下端，或砚堂的某部分 | | | | | |
| | 底眼 | 眼生在砚背（底）者 | | | | | |
| | 镶眼 | 别称"嵌眼""假眼""贴眼"，均以他石之眼嵌于此石，视之几天形迹可寻 | | | | | |

参考：陈日荣编著：《宝砚风华录》，北京：语文出版社，1998年版，第105页。

# 第五章
# 雕刻工艺及制作特点

  在我国众多砚种当中，端砚雕刻艺术是出类拔萃的。作者在创作中常能熔我国传统美学、文学、历史、书法、雕刻、金石篆刻等于一炉，根据石质、石品、石色等特点，因石构思，因材施艺，将艺术形态、雕刻技艺融入砚作的主题和意境中，从而达到理想中砚雕的艺术效果。这种美感往往从砚雕艺术的各个方面得到体现，如优美的造型、新颖的题材、精美的雕刻等，每一道工序、每一组图案、每一个细节都真实反映出岭南文化艺术特色和"广作"砚雕风格。

# 第一节　端砚雕刻艺术

在我国众多砚种当中，端砚砚雕艺术是出类拔萃的。历代文人墨客在专著论述中称赞端州砚匠的诗有很多，如唐代诗人李贺"端州石工巧如神"、刘禹锡"端州石砚人间重"的诗句，都对端州砚雕艺人的深厚文化素养和高超砚雕技艺给予充分肯定，体现出历史悠久的端砚文化在我国传统文化中占有重要地位。（图5-1-1）

端砚雕刻艺术，是端州砚匠充分发挥其聪明才智，通过精绝的雕刻技艺巧妙地把我国传统美学、历史、文学、金石、篆刻、书法、绘画、雕塑等融入端砚作品中，使其达到高超的艺术境界，如优美的造型、新颖的题材、丰富而厚重的纹饰、精巧的雕刻等，

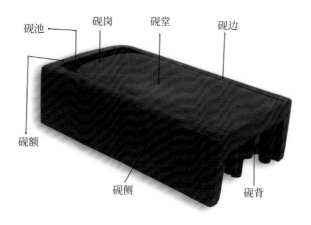

图5-1-1　抄手砚示意图

图 5-1-2　鸣蝉砚（王立霞作）

令观者产生美的享受。

从艺术审美角度来说，端砚制作是一个极其繁杂的创造性过程，每一个工序都需要创作者独立完成。但由于端砚石的独特性，如大小、石色、石品、石质等各不相同，作者在创作中也要根据不同时代、不同区域的习俗文化、不同人的审美标准而创作。从而使端砚出现了多种新颖脱俗的砚雕艺术种类。

## 一、形制与种类

形制是表现端砚艺术的重要手段。由于端石的石性、石质以及砚石的大小、形状、石品纹理各不相同，端砚的形制更是丰富多样。主要有：

1. 仿生形

（1）马、狗、牛、羊、蛇、猴、兔、猪、鸡、鸭、鹅、鹿、犀牛、象、虎、蛟、龙、狮子、獬、豹、雀、鹰、鹦鹉、仙鹤、大雁、鱼、龟、蚌壳、螺、蝉、蜘蛛、蝌蚪、蟾蜍、鼠、蝙蝠、蜂、蝴蝶、螳螂等。（图 5-1-2）

（2）荷花、玉兰、牡丹、芙蓉、兰花、菊花、梅花、秋叶、桐叶、竹节、翠竹、苍松、莲子、灵芝、棉豆、扁豆、苦瓜、瓜藤、葫芦、茄瓜、冬瓜、竹笋、蘑菇、玉米、白菜、荔枝、龙眼、仙桃、佛手、葡萄、石榴、香瓜、杨桃、香蕉、核桃等。（图 5-1-3）

图 5-1-3　竹砚（栾伟藏）

2. 几何形

圆、椭圆、长方、正方、八棱、六角、九角、日字等。

3. 器物形

玉环、绳带、香炉、列钱、棱样、盒样、玉泉、马蹄、簸样、菱镜、书样、腰鼓、簸箕、宝瓶、银锭、人面、竹笠、竹编、尊样、壶样、盒样、古钟、神斧、石鼓、珪璋、瓦当、鞋样、竹篓、古琴、宝鼎、提梁、琵琶、布袋、箩筐、古币等。

4. 仿古器物形

门字、井田、瓶样、簸样书、简、棱、芷、兰亭、八卦、龙凤、卷书、太极、卵样、四直、日池、如意、卦象、九如、古钱、蓬莱、风样、玉堂、虎符、伏虎、伏牛、太史、辟雍、凤足、风字、铜雀、瓦样、有脚风字、合欢四直、双履样、圣珉、玉台、石泉、子母、飞黄、都堂、古献等。（图 5-1-4）

5. 带足形

圆形三足、圆形五足、大圆九足、长方四足、三足鼎样、三足香炉、四足方鼎、二足风字、三足琴式、四足规矩、十三足辟雍等。（图 5-1-5）

图 5-1-4　如意砚
（高自强藏）

图 5-1-5　扇贝砚（正、背）（柳枫、刘辉作）

图 5-1-6　镂空刻花铜暖砚

6. 暖砚形

暖砚是明清时期北方较为流行的一种砚型，由于严冬天气寒冷，影响研墨，于是，古人便用砚石或金属制作暖砚。它有两种形制：一是砚匣造型，即在砚台底下凿出空腔，灌注热水于内，中间置砚研墨，以保持砚面温度；二是在端砚石底下设置金属底座或金属砚匣并放置炭头燃烧使砚石发热，令注入的水不结冰，以保持砚石正常研墨的温度，便于研墨使用。（图 5-1-6）

## 二、题材与种类

自古至今，题材是砚雕艺术中反映文化内涵的重要表现手法之一。由于使用端砚者的社会地位、艺术审美、文化修养、宗教信仰、地域习俗等差异，因此在题材的选择上也体现出多样性。其中包括以下几类：

1. 山水人物题材

主要有：秋山美景、松荫出居、明月松间照、桃花映月、松崖抚琴、达摩面壁、松间泉鸣、兰亭修禊、海天浴日、疏星朗月、山石松林、竹林七贤、罗汉入洞、八仙过海、仙女下凡、端州八景、肇庆风光、清明上河图、东坡拜石、米芾拜石、端州古郡、印心石屋、罗浮古春、星湖烟雨、星岩风光、七星伴月、星湖风景、四海升平、百子千孙、天然子石、小桥流水、天际归舟、赤壁怀古、伏羲女娲、望子成龙、老子观井、韩信追月、父子观海、指日高升、八仙献寿、五子登科、十八罗汉、五子夺魁、松山映月等。（图 5-1-7）

图 5-1-7　秋山美景砚（肖成波藏）

2. 飞禽瑞兽题材

主要有：瑞狮戏球、犀牛望月、松鹤延年、蝠到眼前、八骏图、饮马图、蟾蜍拜月、九龙戏珠、龙生九子、龙霸天下、龙飞凤舞、龙王闹海、丹凤朝阳、马到功成、龙腾虎跃、龙吟虎啸、龙跃凤鸣、鹤立鸡群、莺歌燕舞、龙狮争霸、龙凤呈祥、玉兔望月、五蝠天来、五蝠添寿、五蝠迎门、庭堂接蝠、百鸟鸣春、百鸟归巢、百鸟迎春、鹧鸪呼雨、老猿弄桃、深山猿鸣、虎啸生威、万象更新、鹤鹿同寿、龟鹤同春、龟蛇同龄、鹦鹉报春、喜鹊报春、鹊桥结缘、喜鹊登梅、鹊报三元、千金猴王、螭龙穿云、双龙献瑞、玉兔朝元、爵禄封侯、苍龙闹海、燕喜同春、辈辈封侯、蟾宫折桂、太师少师、杏林春燕、一路连科、鸾凤和鸣、马上封侯、卧虎藏龙、古兽、朱雀、蟠虺、蟠螭等。（图5-1-8）

图 5-1-8　卧虎藏龙砚（王刚藏）

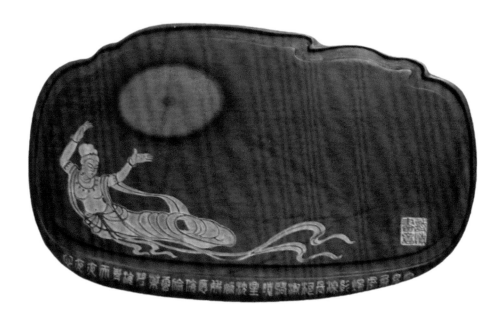

图5-1-9　嫦娥奔月砚（张庆明作）

#### 3. 神话宗教题材

主要有：普度众生、观音送子、鲤跃龙门、嫦娥奔月、女娲补天、西游神话、八仙过海、天女散花、柳毅传书、牛郎织女、麒麟送子、八仙拱寿、东方朔捧桃、灵仙祝寿、麻姑献寿、群仙祝寿、嵩山百寿、西王母、瑶池赴会、瑶池集会、释迦牟尼佛、饕餮、天中群邪、钟馗、螭虎、达摩渡江、伏羲女娲、后羿射日、画龙点睛、精卫填海、夸父逐日、夔龙、夔凤、麒麟献书、刘海戏金蟾、鱼龙变化、和合二仙、仙山对弈、盘古开天地等。（图5-1-9）

#### 4. 历史典故题材

主要有：指鹿为马、铸山煮海、普天同庆、暗度陈仓、开卷有益、精忠报国、鹤立鸡群、鹤归华表、卧薪尝胆、桃李满天下、世外桃源、破釜沉舟、缘木求鱼、愚公移山、一言九鼎等。

#### 5. 风云日月题材

主要有：风、云、日、月、三星、七星、飞云、云月、翠云、列宿、海天、海天初月、海天浴日、疏星朗月、四十九星柱、八卦十二辰、七星伴月、星月同辉、众星拱月、风动西方、风云月露、风云际会、风月天边、风雨同舟、风清月朗、月满花香、月中折桂、

图 5-1-10　星月同辉砚（柳新祥端砚艺术馆藏）

月映秋山、日升月恒、日月合璧、日月丽天、旭日东升、红日浴天、盈月增辉、群星拜月、群星拱北等。（图 5-1-10）

6.吉祥寓意题材

主要有：群仙祝寿、年年有余、福从天降、流云百福、福星高照、必定如意、样样如意、平安如意、事事如意、福在眼前、升生三级、喜鹊报三元、鱼跃龙门、状元及第、马上封侯、教子成龙、太师少师、鹤鹿同春、松鹤延年、龟鹤齐龄、福禄寿喜、五福捧寿、福寿双全、福寿之多、福至心灵、寿山福海、三星高照、长命富贵、玉堂富贵、连生贵子、麒麟送子、流传百子、观音送子、瓜瓞绵绵、龙凤呈祥、二龙戏珠、喜上眉梢、岁岁平安、五谷丰登、四海升平、岁寒三友、莲开并蒂、天女散花、八仙过海、榴生贵子、榴开百子、葫芦万代、狮子滚珠、平安有象、双福拱寿、双燕报喜、双喜临门、五福临门、三羊开泰、宝瓶莲花、双鹰浴日、云蝠卷书、麒麟吐玉书、麒麟送福、宝鸭戏荷、二甲传胪、福寿临门、云蝠腾龙、龙凤聚竹、双凤朝阳、龙凤呈祥、凤戏牡丹、凤飞福门、福禄万代、八仙贺寿、郭子仪贺寿、鹤鹿齐龄、喜（蜘蛛）来福到、福到眼前、福到财来、富贵长寿、鱼龙变化、鸳鸯戏荷、引福归堂、福降人间、苍龙教子、万象更新、花开富贵、花好月

图 5-1-11　福到眼前砚（柳新祥端砚艺术馆藏）

圆等。（图 5-1-11）

7. 金石书法题材

端砚多以书法作为表现主体，因其内容丰富，形式多样，又因与砚雕艺术相交融而备受文人墨客及藏家喜爱。它大多以铭文的形式出现。涉及的书体很多，有甲骨文、金文、小篆、草书、行书、隶书、楷书等。当代端砚上纯以书法作为砚体装饰的也较多，如"残碑砚""兰亭砚""般若波罗蜜心经砚""家训砚"等。（图 5-1-12）

主要有：毛公鼎、兰亭集序、石鼓文、三字经、卷书、记事、碑刻、砖刻、武梁祠石刻、睿思东阁、百寿图、百福、百寿等。

## 三、纹饰与种类

端砚雕刻纹饰，是中国传统文化的重要组成部分，一直贯穿于端砚历史发展的整个进程。它是雕刻艺术中极其重要的表现手段，从唐代简约流畅的"箕形砚"，再到明清繁缛复杂的花鸟鱼虫、祥禽瑞兽等各种吉祥图样，都凝聚着每个时期独特的艺术审美观。其

图 5-1-12　般若波罗蜜多心经砚
（柳新祥端砚艺术馆藏）

表现形式多样，纹饰图案丰富多彩，归类起来共分为"传统纹饰"和"现代纹饰"两大类。

1.传统纹饰

在传统纹饰中，又分为神话动物纹、神禽瑞兽纹、写实动物纹和神话人物纹等。这些纹饰其实是古人在雕刻中用线条将动物通过夸张变形和艺术化，使其结构部位发生改变成为另一种神奇的动物形状，以增强艺术的感染力。

（1）神话动物纹

①饕餮纹：此纹最早出自良渚文化玉器上的一种纹饰，纹样来源于传说中一种贪食凶兽，后经艺术家们的不断使用演化，使纹饰变得更加成熟完美。明清时期，在端砚的正面及四侧均雕刻此纹饰，有"辟邪压镇"的寓意。（图5-1-14）

②夔纹：夔纹是传说中一种近似龙的动物。夔纹"图案多为一角、一足，口张开，尾上卷"[1]，大多呈对称状或对角状。有的夔纹已演变为几何图形，可宽可窄，变化很大，成为古今砚雕纹饰中的主纹。（图5-1-14）

---

[1] 杜迺松著：《青铜器鉴定》，桂林：广西师范大学出版社，1993年版，第45页。

图 5-1-13　饕餮纹

图 5-1-14　夔纹

图 5-1-15　唐代龙

③蜗身夔纹：龙头形，头顶有一角，唇上卷似象鼻，口内有上下交错的大獠牙，头下有一利爪，身负大蜗牛壳，形象十分奇特。传说，其纹样可能是上古神话中的怪神之一。在端砚上雕刻此纹饰显得十分古朴、有趣。

④螭纹：传说中一种没有角的龙（螭）。张口，卷尾，盘曲的小蛇（虺）形象构成几何图形。盛行于春秋战国青铜器上，其纹饰自明清至今被广泛运用于端砚上。表现出的线条坚挺流畅，对称感强烈。

⑤龙纹：龙，起源于我国原始氏族社会的图腾崇拜。商周以前的龙纹形象神秘，面目狰狞凶悍，后来蛇图腾部落与其他部落融合演变成了以蛇形象为主体的龙作为表征物。据《山海经·海内东经》载，"再造人类的始祖伏羲、女娲，乃龙身而人首，鼓其腹"[2]，这大概就是龙的形象。

经过数千年的发展和演变，龙的完整形象已表现出来，《尔雅·翼》称龙有九似："头似驼，角似鹿，眼似兔，耳似牛，项似蛇，腹似蜃，鳞似鲤，爪似鹰，掌似虎。"[3]而闻一多先生在《伏羲考》中则说："龙以蛇身为主体，接受了兽类的四脚、马的毛、鬣的尾、鹿的脚、狗的爪、鱼的鳞和须。这些描述的形象虽然有所不同，但却反映了龙

[2] 郑银河、郑荔冰编著：《吉祥龙》，福州：福建美术出版社，2005年版，第2页。

[3] 郑银河、郑荔冰编著：《吉祥龙》，福州：福建美术出版社，2005年版，第3页。

形象的多样性。"[4]至明清时期，龙的结构造型已成熟，并成为中华民族的象征和最高皇权统治者的符号，后来，龙的造型也作为工艺美术行业及端砚雕刻中的主要纹饰被广泛应用。（图5-1-15至图5-1-19）

⑥麒麟纹：麒麟，在古代"五灵"中为"兽类之长"，是一种想象中的神奇动物。在汉代麒麟形态被拟为鹿形，后来逐渐演变成神兽，到魏晋南北朝时期，麒麟作为帝陵镇墓石兽。至宋代，又被演化为有鳞片的龙头形动物，其身体结构由龙头、鲤鱼身、鹿角、狮尾组成。元、明、清及近代都保持了这种形态。在历代砚雕创作中，麒麟作为民间一种吉祥动物而深受人们喜爱。（图5-1-20）

⑦神龟纹：神龟纹其形与现实的龟形不同。龟头，牛尾，四脚似狮脚，形象怪异，尤其在明清时期砚雕中，神龟图案多有变化。如"神龟负书"图案，它常和蛇纹连用。神龟有长寿吉祥的寓意，自古以来，一直被砚雕艺人崇拜和使用。（图5-1-21）

⑧神羊纹：神羊，最早见于商代青铜器的四羊方尊上，其造型形象逼真，到了汉代，羊的体态结构十分夸张，变为可走可飞的形象，在砚雕中常运用此图案作为装饰纹饰。（图5-1-22）

图5-1-16　宋代龙

图5-1-17　元代龙

图5-1-18　明代龙

图5-1-19　清代龙

[4] 郑银河、郑荔冰编著：《吉祥龙》，福州：福建美术出版社，2005年版，第3页。

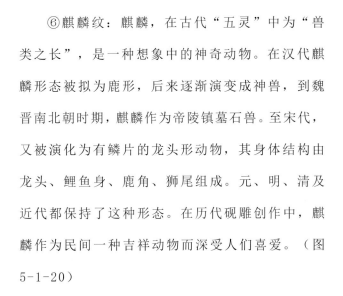

图 5-1-20　麒麟纹饰

图 5-1-21　神龟纹

⑨辟邪纹：古代传说中的瑞兽，形象可能由虎演变而来，形又似狮，而带双翼、头、颈、背、尾及四肢，呈 S 形，动感十足。体态圆浑，造型上具有虎的特征。古代军旗、盾牌常用辟邪图案。在民间工艺美术中，辟邪的造型常用于建筑装饰以辟邪除灾，明清时期此纹饰已引入端砚创作。

⑩天禄纹：瑞兽之一，是以鹿及麒麟为原型发展变化而来，形态憨实、圆浑吉祥。

⑪翼马纹：翼马又称"天马"，为唐代最高统治者权威的象征。形体写实，两肩飞翅，装饰手法浓烈，纹样曲卷，自然和谐，整体形象精神显出天马的矫健气质。

⑫角端纹：角端，瑞兽之王。其结构造型融入了南北朝至唐代神兽的特点变化而成。头如麒麟，独角，但上唇特别长，狮身；有翼，四爪；体形融合了象、狮、虎及犀牛身体的某部位，寓意吉祥长寿。（图 5-1-23）

（2）神禽瑞兽纹

①凤纹。凤是"凤凰"的简称，起源于我国原始部落社会，是人们想象中的保护神，被视为神鸟而被人们崇拜的图腾。凤的原型是鸟，它的头似锦，身如鸳鸯，有鹰的翅膀、仙鹤的腿、鹦鹉的嘴、孔雀的尾，居百鸟之首，象征祥瑞。曾被作为封建王朝最高女性的象征，与帝王的象征——"龙"相配。至明清时期，凤的形象又有了新的发展，最终达至完美。凤纹作为吉祥喜庆的象征，其美丽的形象一直在民间工艺中广泛流传应用。

②鸾鸟纹。鸾鸟是神话传说中鸣声优美的神鸟。其形如鸡，仰首而立。在砚雕中，鸾鸟纹多装饰在钟形砚的背部、仿铜镜砚的砚面以及砚侧及背面，具有吉祥的寓意。另

图 5-1-22 神羊纹

图 5-1-23 角端纹

外，在端砚中还有一些古代青铜器物上的神鸟纹饰，如弯角鸟纹、鸱枭鸟纹、长鼻兽鸟纹、鸟兽合体纹等，这些纹饰造型怪异，形象生动。（图 5-1-24）

③鹤纹。鹤最早见于春秋战国时期的青铜器物上。神话传说中，鹤是由仙人饲养，又称之为"仙鹤"。仙鹤为一种寿命很长的瑞禽，在中国文化中享有崇高的地位，由于它温顺美丽，富有灵性，古人又把它作为图腾崇拜。特别是丹顶鹤，是长寿、吉祥、高贵的象征。后来被艺人们广泛应用于砚雕中。

（3）写实动物纹

①雁纹。雁纹是鸟纹中较为写实的纹样，以曲颈伫立的单只雁组成雁群，砚雕中普遍运用其纹饰，作为装饰图案。

②孔雀纹。孔雀，瑞鸟之一。自古至今，被认为是一种寓意吉祥幸福的鸟。由于它雍容华贵，在端砚及各类工艺美术品中都有其倩影。

③牛纹。牛纹最早见于商周青铜器上作装饰纹，姿态多作站立及戏水状。牛头较大，"有一角或两角，身躯肥圆，前腿作跪卧状"[5]。端砚上或以牛造型，或以牛纹作装饰，生动活泼，美感十足。（图 5-1-25）

④鹿纹。十鹿九回首，是鹿纹的特征之一，商代的青铜纹饰中，未见全身完整的纹样，仅流行鹿首。唐宋时期，砚雕图案中，鹿的姿态有新改变，"有侧视状，有鹿头回顾作卧状，

[5] 杜迺松著：《青铜器鉴定》，桂林：广西师范大学出版社，1993 年版，第 46 页。

图 5-1-24　鸾鸟纹　　　　　　　　　　　　　图 5-1-25　牛纹

图 5-1-26　鹿纹

有双鹿戏闹之状"[6]。由于鹿与"禄"同音，有吉祥、富贵的寓意，在端砚创作中被人们广泛运用。（图 5-1-26）

⑤象纹。象纹盛行于商周时期的青铜乐器钲和铙上。"其形象是有一个向下或向上卷的长鼻，大耳大嘴，躯体巨大。[7]"。自古以来它都被作为"吉祥喜庆"的象征，而受到人们的喜爱。

⑥龟纹。龟纹有吉祥长寿的寓意。最早的龟形砚在湖南长沙汉墓中出土。"龟四足着地，头高昂，背部有砚池带砚盖"[8]，形态逼真。有的龟形出现夸张变形，如龙头龟形，背部隆起，作俯视状，生动传神，历代端砚作品都有龟纹的出现。

⑦兔纹。兔纹早在西周时期的青铜器上就有出现，唐代以后，在端砚上雕刻的兔纹"大

---

[6] 柳新祥著：《中国砚台收藏问答》，长沙：湖南美术出版社，2011 年版，第 24 页。

[7] 同上。

[8] 柳新祥著：《中国砚台收藏问答》，长沙：湖南美术出版社，2011 年版，第 25 页。

图 5-1-27　蟠虺纹

图 5-1-28　鱼纹

多作半踞状，耳斜竖起"[9]，憨态可掬。

⑧蛇纹。最早在汉代砚台上就有了蛇纹图案，"其形状是蛇，头部较宽大，双眼突出，曲折的身躯上有鳞节，尾部多卷曲，大多呈对称状"[10]。明清时期，蛇纹的雕刻形态结构趋向自由、个体精小。有的体呈曲状、交连状，则称为卷体龙纹和交体龙纹，旧称"蟠虺纹"。（图 5-1-27）

⑨虎纹。虎纹在古砚雕中多表现为侧视爬行或奔跑状，虎一般作大张口状，背微凹，尾下垂而又卷起，神态逼真，具有真虎的外貌特征。[11]在砚雕中有着浓厚的装饰效果。

⑩蟾蜍纹。蟾蜍纹多出现在神话传说中，"其形似龟、兽头，背部用圆圈表示蟾蜍身上的疙瘩包"，另一种是写实的蟾蜍。[12]宋代、元代还出现各种立体的蟾蜍砚。

⑪鱼纹。在古代的砖瓦砚上有较多鱼的纹饰。"有的为侧面游动状，躯体有作平行线而上下无鳍的，口紧闭；有的鱼体上饰有六角形及方形鳞片，有脊鳍、腹鳍各二，或脊鳍一，腹鳍二"。宋代以后鱼纹盛行于端砚上，纹饰也逐渐逼真、精致，鱼鳞呈半圆形交叉排列。明清时期出现了造型各异的鱼形砚[13]。（图 5-1-28）

⑫蚕纹：蚕纹盛行于商代和周初。自唐至今蚕纹在端砚中被广泛采用。"蚕形屈曲，头圆，两眼突出"[14]，呈 S 形或 C 形，有时呈 S 形的几何形纹饰，有时形似卷曲回顾的龙，却不辨首尾。

[9] 杜逎松著：《青铜器鉴定》，桂林：广西师范大学出版社，1993 年版，第 47 页。
[10] 柳新祥著：《中国砚台收藏问答》，长沙：湖南美术出版社，2011 年版，第 26 页。
[11] 柳新祥著：《中国砚台收藏问答》，长沙：湖南美术出版社，2011 年版，第 25 页。
[12] 同上。
[13] 同上。
[14] 杜逎松著：《青铜器鉴定》，桂林：广西师范大学出版社，1993 年版，第 46 页。

图 5-1-29　人面纹

⑬蝉纹。蝉纹在宋代砚雕中的造型较多，有的呈长方形，"大多以略呈三角形的图案表现蝉体，不带蝉足"[15]，以线条代表蝉的形象称为三角蝉纹。明清时期的砚雕中，常以它作主要纹饰，出现过各种各样的蝉形砚及蝉式纹样，生动逼真，四周及地底用云雷纹填充，凸显纹饰的层次感。

（4）神话人物纹

①人面纹。原纹样来源于古代青铜器物。"形象是一种半人半兽的怪神，面部虽作人形，但仍包含兽类的特点，如头上长角，口中有獠牙。"[16]（图 5-1-29）

②人面兽体纹。上古神话传说中有半人半兽的怪神。"头近似人，但又长角，口中有獠牙，身躯却是兽或鸟形的现象"[17]，人面兽体纹就是表现这种神的。此纹形态奇特古怪，明清时期的砚台上常用此图案装饰于砚及砚侧或砚足。

（5）几何纹

①圈带纹。商周青铜器上一种简单的几何形纹饰。用小圆圈作横式排列而产生的纹样，又叫"圆圈纹""连珠纹"。"纹样为排列成带的圆圈，圆圈中有的有一小点，有的没有点。"[18]此纹多用于"钟形砚"和"仿铜镜砚"的砚背作装饰纹或作为饕餮纹等的装饰。

②弦纹。纹形为凸起的横线条，"一般一道至三道，有时单独出现，有时作为其他

[15] 杜逎松著：《青铜器鉴定》，桂林：广西师范大学出版社，1993 年版，第 46 页。

[16] 柳新祥著：《中国砚台收藏问答》，长沙：湖南美术出版社，2011 年版，第 32 页。

[17] 同上。

[18] 杜逎松著：《青铜器鉴定》，桂林：广西师范大学出版社，1993 年版，第 49 页。

复杂的花纹衬托"[19]，另有"人"字形弦纹，此纹多用在砚的面侧及砚背作装饰纹，简洁、古朴、厚重。

③直条纹：青铜器纹饰之一。"用连续的垂直线条组成纹饰，线条的粗细有变化，也有将粗线条凸起或凹下"[20]，又称"沟纹"，多装饰在端砚的砚面和砚侧。

④瓦纹：用宽阔的横条作凸起或凹陷的槽组成，"由平行的凹槽组成，形如一排排仰瓦"[21]，故称平行线纹、横条纹或沟纹。此纹在仿铜镜砚及圆形砚的面部、侧面作装饰纹，盛行于西周后期至春秋。

⑤斜条纹。此纹初见于商代中期青铜器上。"用弦纹作'入'字形排列，也有用粗线相间的线条构成斜条纹。"[22]其纹大多饰于圆形砚的面、腹以及砚背。

⑥云雷纹。见于商代早期的青铜器上，此纹基本特征是"以连续回旋形线条构成的几何图案"[23]。云雷纹常作为砚雕上的纹饰的底纹，在雕刻主纹的空隙处填之，以起装饰作用，烘托主题。

⑦乳钉雷纹。多见于商周青铜器上。"纹形为凸起的乳钉，有的排成单行或方阵，有的将乳钉各置于方格斜方格中饰以雷纹填底。"尤其是在仿古砚、砚侧部位使用该纹，装饰效果极其美观。

⑧曲折雷纹。旧称"波形雷纹"。先用雷纹组成窄带状，"作上下曲折排列，或用粗线条的雷纹与细线雷纹作相间交替使用"[24]。其纹一般不作为主纹，而作为地纹装饰使用。

⑨勾连雷纹。其纹盛行于商周时期。勾连雷纹在古代的砚雕中广泛使用。雕砚时先作斜山字形线条，用斜线相勾连，使"山"字形处理成粗线条，再填入细线条的雷纹，有时也可作地底纹使用。

⑩三角纹。其纹外围是三角形，内填以雷纹，三角形的一角作向上或向下连成横列，

[19] 杜迺松著：《青铜器鉴定》，桂林：广西师范大学出版社，1993年版，第49页。
[20] 柳新祥著：《中国砚台收藏问答》，长沙：湖南美术出版社，2011年版，第27页。
[21] 杜迺松著：《青铜器鉴定》，桂林：广西师范大学出版社，1993年版，第50页。
[22] 柳新祥著：《中国砚台收藏问答》，长沙：湖南美术出版社，2011年版，第27页。
[23] 同上。
[24] 同上。

图 5-1-30　鳞纹

形成大锯齿带状。砚雕中仿铜镜砚长方砚面上多见这种装饰纹样，也可作地底纹使用。

⑪菱形雷纹。方块雷纹、长方形雷纹是在菱形、方形、长方形内填以雷纹，作连续式排列，较多使用浅浮雕及线刻技法，雕刻于砚的砚面和侧面。

⑫网纹。就是斜线交错如网，通常在夔龙纹、兽面纹等主纹下作地底纹。

⑬贝纹。形状作贝壳状，将单独的贝壳连接起来组成图案，通常构成二方连续纹样，做边缘修饰。常雕刻于砚面和砚侧，作为次要纹饰使用。

⑭绳络纹。是用两股绳索绞结的形状，每一股绳索由二条、三条、四条，甚至九条单线绞在一起。作为主纹的附属纹样用于装饰。

⑮绳纹。通常用两根并联的绳纹交织成为十字形套结，整个绳纹联结成长方形的网格，装饰在砚台上，其纹饰在古今砚中常用。

⑯涡纹。涡纹的特征是旋转出圆形的几何图案，近似水涡，在端砚中一般作为地底纹或作辅助纹装饰。

⑰四瓣花纹。其花纹中心为方形，或为圆形，四周伸出四个花瓣。有的单个排列，有的双行或多行排列，并布局在砚面及砚侧，可作为主纹，也可作为地底纹采用。

⑱鳞纹。在砚雕中以龙蛇躯体上的鳞片排列而组成的纹饰，"排列方式有连续、重叠、并列三种"[25]。除饰于雕刻的龙、鱼、鸟身体的鳞片、羽毛外，有时还在砚面、砚侧的边线中作为装饰底纹。（图 5-1-30）

⑲环带纹。环带纹又称"波浪纹"，是龙蛇躯体演变来的带状波浪形纹样。线条弯曲而不断，形成环带波浪状。

[25]柳新祥著：《中国砚台收藏问答》，长沙：湖南美术出版社，2011年版，第29页。

图 5-1-31 宴乐狩猎战斗纹

（6）活动纹

①渔猎纹。在古代砚雕中多表现主人在湖泊之中坐在舟头撒网或在河岸垂钓时的安逸场景。

②贵族宴乐纹。以建筑物为背景，在一个高台的中间，宾主畅饮斟酢，佣仆奉酒献豆，或有列鼎陈设。周围有鼓钟、击磬、击鼓、奏瑟和歌舞等场面。

③贵妇采桑纹。画面表现几个贵妇人在桑树上采桑叶，树下有人相接的场面，还有渔樵耕读、纺织、炊事等反映贵族生活的场景。采用浅浮雕及线刻手法雕刻于砚上，显得厚重典雅。（图5-1-31）

2. 当代纹饰

所谓"当代纹饰"就是在端砚中雕刻以真实反映现实社会发展和当地文化现象并具

图 5-1-32　星光耀南粤砚

有新时代气息的砚雕纹饰。

（1）新兴建筑纹

将当代建筑物景色融入砚雕作品，是 20 世纪初期兴起的一种新的艺术表现形式。在创作中，砚雕艺人在继承传统的基础上大胆创新，把现代建筑标志物、改革开放成果等反映在端砚作品上，如举世瞩目的 2008 年北京奥运会的国家标志性建筑物"鸟巢砚""水立方砚"；上海世博会标志性建筑物"中国馆砚"，以及反映广东建设新貌的"星光耀南粤砚""南粤花开砚""暖春砚"等作品，形制逼真，时代气息强烈，雕刻工艺精湛。观后令人激情昂扬。（图 5-1-32）

②风光景点类

在当代砚雕中，除了表现国内外山水美景、名胜古迹外，端州砚雕艺人着重表现本地域的山谷水川、名胜风景、历史文物、人物传说等题材，如"星湖览胜""新肇城十景""端州八景""羚峡风光""包公还砚""徽宗赏砚""六祖赏梅"等，地域特色浓郁，时代气息鲜明。

图 5-1-33　夕阳无限好砚（刘演良作）

## 四、雕刻表现技法

雕刻表现技法是创作者表现作品主题思想的具体办法，作者通过对各种雕刻技法的尽情发挥，来达到创作的目的，使作品产生美感，让观赏者产生共鸣。现作简要介绍：

1. 深雕

"深雕"就是在砚体上雕刻的图案深至 2 厘米左右，使纹饰形象地展现在砚面上，常能表现出形象不同的层次和意境，具有较强的艺术美感。

2. 通雕

通雕是现代砚雕艺术中最常用的一种雕刻技法，即把图案背景部分进行局部或全部镂空，尽量突出物象部分，产生或形成一种立体或半立体效果。通雕与镂空雕的制作方法基本相同，纹饰之间表面互有穿透性，它属于深雕、镂空雕技法的范畴，是深雕技法的延伸。

在端砚创作中通雕技法主要适用于雕龙、凤、麒麟等飞禽瑞兽类动物，以及山水、楼阁、花鸟鱼虫等题材图案的雕刻。（图 5-1-33）

3. 镂空雕

镂空雕是圆雕艺术中发展出来的一种技法，能更好地表现物象立体空间层次。雕刻中把能表现物象的部分留下来，多余的部分掏空。它有很好的视觉效果，如在纹饰

图 5-1-34　龙啸九天砚（柳新祥端砚艺术馆藏）

的上下、左右之间，相互连接、相互补充，强调主题的连贯性，做到疏而不空、密而不繁、紧而不乱。空间愈密，镂空愈难，效果愈佳。镂空雕的程序是先表后里，一层一层地精心雕琢，突出主题，如雕刻亭台楼阁，由于雕刻景物时用刀受到很大限制，还要与其他技法结合使用，操作难度极大，因此，砚雕师在创作中需要高度集中注意力，以防用力过大、过猛而损坏作品。（图 5-1-34）

4. 圆雕

圆雕又称"透雕"，是当代端砚雕刻艺术中的一种新的表现形式，它是指非压缩的，可以多方位、多角度欣赏的三维立体雕刻。无论人物、鸟兽、山水、鱼虫都可以雕刻成立体造型。圆雕是雕刻艺术在砚台上的整体表现，雕刻者从前、后、左、右、上、下全方位进行雕刻。观赏者可以从不同角度看到作品的各个面。圆雕的手法与形制也多种多样，有写实性的、装饰性的，也有具象的与抽象的。（图 5-1-35）

5. 浅雕

浅雕，就是在端砚面或侧底雕刻较浅的雕刻纹饰，是介于浅浮雕和线刻之间，以勾线、线面结合的方法来加强立体和空间感的一种表现形式。雕刻的图案纹饰，浅浅地凸于底

图 5-1-35　龙鼎生辉砚（杨建华、王立霞作）

面，层次交叉少，其深度一般不超过 0.5 厘米。浅雕对勾线要求较高，常用线和面结合的方法增强画面的立体感，其表现手法能体现出一种安详、宁静、含蓄的艺术效果。（图 5-1-36）

6. 浮雕

浮雕又称"阳雕"，是雕塑与绘画结合的产物。用压缩的办法来处理对象，靠透视等因素来表现空间，所有纹饰雕刻都附属在砚面，雕刻的深度大约在 0.5 厘米左右，用手摸有感觉，浮雕的题材也丰富，如动物类、花卉类、人物类等。由于不需要层次感，所以运用浮雕手法并不困难。

浮雕技法在明清时期得到广泛运用。当代砚雕师们在创作实践中，使浮雕技法又得到进一步发展，衍生出"深浮雕"和"浅浮雕"技法。如雕刻深度达到或超过 1.5 厘米就为"深浮雕"，如果雕刻深度为 1 厘米左右，称为"浅浮雕"，浅浮雕线条流畅、清淡。而深浮雕显得画面构图丰满、疏密得当、粗细相融、古朴厚重。浮雕技法运用得好，尤其是深浮雕，能表现复杂而生动的场面，具有形象生动、引人入胜的艺术效果。（图 5-1-37）

图 5-1-36　仿清簋形龙戏珠砚（陈东梅藏）

图 5-1-37　八卦砚（柳新祥端砚艺术馆藏）

图 5-1-38　莘田月夜游西江夜砚（萧健玲藏）

7. 阴雕

阴雕又称"沉雕"，是指使画面凹下去的一种手法，正好与"阳雕"相反。此雕刻技法兴盛于 20 世纪 90 年代，主要应用于优质的平板砚上，题材有山水、花鸟及文字等，刻出来的纹饰图案能产生一种近似中国画的艺术效果，富有韵味。由于所用的砚材名贵，其刻工要非常严谨，从设计到雕刻一般由一人完成，绝非一般砚工能为之。（图 5-1-38）

8. 线刻

线刻是一种古老的雕刻技艺。早在汉代就有匠人用刀具在石、木、金属、贝壳、陶瓷等硬质器物上采用平面阴线刻画，线条粗深，图像稚拙。

线刻技艺在砚雕艺术中广泛应用，题材主要有山水、人物等。通常运用在上好的砚石平板的正面或背面，起装饰作用。

线刻又有阴线刻和阳线刻之分。阴线刻，即在砚石面上直接用阴线条勾勒出粗细不一的线条图案。这种技法如同中国画中的白描线条，潇洒飘逸、抑扬顿挫。其特点是图案表面没有凹凸，物象与余白在一个面上。阳线刻，主要是为了突出砚台图案纹饰上的

图 5-1-39 井田形神兽闹海砚
（柳新祥端砚艺术馆藏）

线条，这种做法，从表面上看线条图案似乎很简单，但操作起来并非易事，它讲究刀法娴熟精练，有"一气呵成"之势。（图 5-1-39）

9.俏色雕

俏色雕起源于玉雕艺术，后来成为砚雕创作中的专业术语。即用刀法结合玉石的本来色彩雕凿，使作品像是一幅立体的画，在颜色与形象的相互配合下营造出精美绝伦的完美意境，达到天人合一的美妙境界。

俏色又称"巧色"，是作者对砚石的天然石品或石皮颜色进行充分想象和利用，因材施艺，或雕人物，或琢动物，或作山水，或刻花卉。俏色雕，是还原雕琢物本色的一种表现手法。作者充分利用石皮的黄、绿、红、白等天然石色加以精雕细琢，使其成为砚中的点睛之笔。俏色是砚雕工艺中的一个特色。（图 5-1-40）

10.薄意雕

薄意，即浅刻的浮雕，因雕刻花纹的层面薄而富有画意，故名。它是从浮雕技法中逐渐衍化而来的，比浅雕还要浅，是当今砚雕艺术中一种介于绘画与雕刻之间的独特艺术表现手法。由于薄意雕刻刀法流利，刻画线条细致，因而备受端砚藏家欣赏和推崇。（图 5-1-41）

图 5-1-40　一统天下摆件（杨建华作）

图 5-1-41　悟后福自来砚（孔建伟藏）

薄意浅刻如画，耗材甚微，重典雅，特别富有欣赏价值。尤其是构图布局与中国画同理，讲究意境和意韵，并将砚雕艺术与画理融为一体，"以薄取胜，以简具长"，具有超凡脱俗的艺术魅力。

11. 立体雕

所谓立体雕，其实就是圆雕技法的衍化。

立体砚雕作品，在古砚中很少见。宋代林洪《文房图赞》记载，端砚"不宜作立体造型，也不宜作雕琢几满，或无研墨之地"。从使用角度说，砚台是不能作立体雕刻的。

自20世纪90年代起，端砚艺术迎合了现代人的审美要求，并走向使用与欣赏相结合的道路。砚雕师们借鉴于石雕、玉雕、陶瓷、象牙雕、木雕等姊妹艺术的各种特点和技法，创作出一大批立体的砚雕作品，其形制已完全改变了古砚的造型模式，由平面向立体转变，即留下砚堂、砚池后，将多余石头作立体形雕刻，题材有山水人物、亭台楼阁、花鸟鱼虫、神话故事、宗教典故等。（图5-1-42）

随着人们对端砚使用功能的淡化，更为重视砚雕艺术，但其结构并没有脱离砚台本质，也不会影响研墨使用。立体砚雕图案纹饰可以作360度观看，画面具有很强的立体艺术效果。

图5-1-42　仿清四足兽首九龙石渠砚（柳新祥端砚艺术馆藏）

# 第二节　工艺制作流程

说起端砚，人们并不知道砚工艰辛的制作过程。从寻坑、采石至成品，每一道工序都浸透着工匠的心血和汗水，每一个细节都需要工匠专心、专业、敬业，端砚制作工艺极其繁杂，但归纳起来大致包括以下几种：

## 一、采石

俗话说："兵马未动，粮草先行。"采石虽然不像打一场战役，但对于采石工来说，却是一件很重要的事，必须要做好前期各项准备工作，才能进行。

1. 寻坑

寻坑，又称"找坑口"，是采石工的前期工作。斧柯山及北岭山上古代开采的砚坑，由于数百年的埋没而无法找到，有经验的采石师傅会根据老人的回忆或通过史料记载去山上寻找。寻坑极其艰苦，采石工每天起早摸黑，翻山越岭，跨河蹚水数十次，如找到古坑口后要做好标记，收拾行囊工具回到山下，组织人员准备开采。

2. 备工具

工欲善其事，必先利其器。找到坑口后，砚工就要准备好各式各样的采石工具，如铁锤、各种大凿、扁凿、钎凿、铁笔、风箱、油灯、陶罐、竹箩、戽水等。工具不齐，就会影响开采进度。（图5-2-1）

图 5-2-1　采石工具

### 3.雇石工

古人云："凡采石者，先雇工。"开坑采石非一两人或几人能为之，如清理坑道碎石、抽水、采石、搬运石料、打桩、挑水煮饭等各有分工，需要协同作战，洞坑越深用人越多。

由此可见，开坑采砚需要当地身强力壮的青年和具有采石经验的师傅才能为之。

图 5-2-2　搭建住所

4.搭棚场

石工在离砚坑不远处要用竹子、木材、树皮、茅草等搭建一间可住人的草棚供作息之用，草棚离地面 2 米多，主要防避晚上蛇虫和湿气入身。（图 5-2-2）

5.储粮油

石工采石，一般都长期住在山上，路途崎岖遥远。因此，石工必带足够的粮、油、盐、醋以及被褥等生活用品，如考虑到时间久不够用，还要派人下山或托家人送来。一旦开坑采石，石工就再无暇下山了。

6.汲水

古代砚坑洞口基本都灌满了水，有的坑洞深约百余米，坑道越深，开采越困难，因此石工必须先将坑洞内的水汲干方能进入坑洞内采石。据清代吴兰修《端溪砚史》记载，开采老坑"每日集汲水工二百名，厚给工价，昼夜更汲"[26]，但各个砚坑的深度不同，其汲水难度也有所差异。（图 5-2-3）

7.清岩路

由于砚坑洞内被古人开采了数十年、数百年甚至上千年，坑道里留下了大量碎石屑和石块。积水排干后，石工要先清理坑道淤泥和石屑并修建石道，将塌方地段用松木方

[26]《端砚大观》编写组编：《端砚大观》，北京：红旗出版社，2005 年版，第 278 页。

图 5-2-3　汲水工具

支架或用钢筋水泥填补，以防止再次塌方。

前期各种工作完成后，石工就要选好良辰吉日，在开坑之日将带来的祭拜品，如猪、羊、鸡蛋、酒水等摆设好，全体石工数十人在采石长老的指挥下举行祭拜仪式，放鞭炮拜祭坑洞神仙，仪式后，就正式开坑采石了。

采石，即采石师傅进入坑洞后，将砚石凿下来。首先，采石师傅要准确判断出石层的分布和延伸方向以及砚石的优劣，并将最佳砚石凿下来，运出坑洞外。

开坑采石，主要以人力手工为主，劳动强度大，由于砚坑洞深度大多在百米之下，低于西江河床，洞内砚石都浸在水中，阴冷潮湿，空气混浊，砚工要一锤一凿撬开砚石，除去劣质石，最后只剩下一小块石能做砚，故有"端石一片值千金"之说。（图 5-2-4）

## 二、运输

开采的砚石被运送到洞口后，有砚工专门用铁锤和钎凿将砚石再进一步挑选，以减轻运输成本，然后把好的砚石运到西江岸边交易，并等待木船装运，再通过羚羊峡水路运送到黄岗各制砚厂家。

运输砚石主要是雇请斧柯山一带的妇女和青壮年。山村妇女天生结实能干，她们为了养家糊口，每天带着干粮早出晚归，采用肩挑或背驮把砚石运下山，而当地男子将一些大砚石用铁丝捆绑，然后顺山路翻山越岭拖下山。山路蜿蜒曲折，树木荆棘丛生，稍不小心，会连人带石跌入深渊。他们一天只能往返一次，需步行 10 千米路才能把石运

图 5-2-4　古代采石场景

图 5-2-5　运输

到山脚下。（图 5-2-5）

## 三、选料

选料，就是将运回来的砚石进行筛选，按照优劣等级进行分类。通常砚工把端砚石质分为特级、一级、二级和三级。把最好的砚石作高档砚，依此类推。

老坑石石质细腻滋润，但裂纹、五彩钉等瑕疵太多，能找到一块纯净的平板很难。坑仔岩石色赤紫，石质温润，石品花纹也丰富，但裂纹、黄斑、沙质感也多，大料难取；麻子坑虽然石料大，石质密实、细腻、幼嫩，但裂纹、虫蛀洞太多。因此，能得一方名砚佳石实属不易。（图 5-2-6）

## 四、设计

设计，包括砚形设计和题材设计两种。设计的目的，就是要把选好的砚石变为具有研磨使用功能的砚。砚形设计除了传统的砚形外，还可根据砚雕艺人的审美，充分利用砚石上的石色、石质、石品花纹等特点，进行"因石构图，因材施艺"。并将砚石上的各种瑕疵，通过雕刻纹饰图案巧妙掩盖起来，达到扬长避短的目的。（图 5-2-7）

## 五、雕刻

雕刻是端砚制作过程中极其重要的环节。要使一块砚石成为一件艺术品，就需要对题材、立意、构图以及各种雕刻技巧、刀法进行巧妙安排，或写实、或夸张、或抽象、或写意，认真构思创作，以达到最佳效果。雕刻程序大致分为定粗样、凿粗坯、凿细坯和修饰雕刻四个步骤：

1.定粗样

定粗样又称"打坯""勾样"，是在确定设计稿后在砚石上将绘好的砚形及纹饰凿出一个大概轮廓，固定好整体结构图形，挖出砚堂、砚池和砚背，在砚形上绘出或勾勒出所需要的砚雕图案纹饰。

2.凿粗坯

粗坯是整个作品的基础，在以简练的线条完成造型后，在雕刻图案纹饰中从上到下、从前至后、由表及里、由浅到深、从整体到局部，一层一层以减法推进。但凿粗坯时还要注意砚石的石品等特点，如有变化还要对原设计图案不断进行修改，使其逐步呈现出造型准确、主题分明、层次清晰、风格初现的效果。

3.凿细坯

粗雕完成后，就要进行精雕细刻。即根据砚雕纹饰对各个部位图案纹饰进一步深加工，并逐步调整比例和布局，然后将纹饰中的具体形态、大小、空间由粗变细，使用的各种刀具也由大变小。在修理、铲滑、加细的过程中，各种技法互补，直至修饰到自己满意为止。此时作品的主题图案已趋于明朗，轮廓清晰，纹饰起伏分明。

4.修饰雕

修饰雕刻是砚雕环节中最精细、最重要的工序，也是对作品进行深加工、局部细加工的重要过程。运用小刻刀除去纹饰中的刀痕凿垢，对图案中的禽类的羽毛、眼睛，蛟龙的胡须、鳞片，花草的叶脉，人物的眼眉、神态、衣褶等，进行深入细致的加工，要让纹样清晰、细密、圆滑、逼真，使其表面更精细。（图5-2-8）

图 5-2-6　选料制璞

图 5-2-7　设计

图 5-2-8　雕刻

图 5-2-9　打磨

## 六、打磨

打磨，又称"磨砂"，是制砚过程中不可缺少的工序，就是将雕刻完成的砚的各部位的刀、凿痕用砂纸打磨至细润光滑。磨光时首先借用电动工具将砚台的墨堂、四侧及无雕刻纹饰的底部磨光滑。然后将纹饰上的刀痕小心翼翼、反反复复地磨掉，然后用1000#水砂纸抛光，对一些雕刻精细的部位，要耐心仔细地打磨，直至砚台整体手感嫩滑细腻为止。切忌用力过猛，以防雕刻纹饰被折断。（图 5-2-9）

## 七、配盒

为了保护和防尘，砚台都会配制相应的砚盒。砚盒一般采用木料挖制。古有不惜重金购买如紫檀、黄花梨、酸枝等名贵木材制作砚盒者，而且还在砚盒上雕龙刻凤，镶嵌珠宝。今人虽然不似古人般用重金装饰砚盒，但对一些上好的名家作品仍用高档木材制

图 5-2-10　木座制作

图 5-2-11　打蜡

作，以提高砚的欣赏和收藏价值。

制作砚盒主要有四种：

1. 大地盖。即砚体上卜有两块木板，中间露出砚台雕刻纹饰。其制作方法比较简单，只是依砚形轮廓在相应的木料上准确地勾画出砚的正面和底部的尺寸，并依形挖制成型、抛光即可。

2. 全盒。全盒的做工十分讲究，至今仍沿袭明清时期的款式及做法，砚盒上盖比下盖高，上盖占五分之三，下盖占五分之二。砚盒底部都做有"四足"或"虎爪足"，较薄的砚石，木盒底一般做成与外形直角相同的四个脚，又称之为"平底脚"。

3. 锦盒。锦盒主要用薄夹板、绒布、海绵等材料里外包装而成。多用于随形砚和实用砚，因制作工序简单，成本不高，携带轻便，而且能够在运输过程中起到很好的保护作用，所以目前许多生产厂家多以锦盒为砚的主要包装形式。

4. 木架。木架又称木座，是20世纪90年代兴起的一种新的端砚装饰方式，即将大块端砚用木架支撑起来，使端砚雕刻面更便于人们观赏，外面是一个台式框罩。使用木料大多为鸡翅木、花梨木、酸枝木、紫檀木等高档木材，做工非常讲究。（图5-2-10）

图 5-2-12　镌刻

## 八、打蜡

打蜡又称"上蜡"，是砚雕完成后的最后工序，打蜡能让砚石上的石品纹色更清晰可见，凸显雕刻图案的层次感。打蜡需要注意两个点：一是不能将砚置于高温下烘烤，以免受热不均而爆裂；二是用蜡不宜过多，只要把少许蜡趁热熔化后尽快用布将蜡液涂抹在砚体上，然后再用干净软布或毛巾擦净余蜡即可。但对于质地优良、石品花纹丰富、雕刻精致的仿古砚，其纹饰细、浅、精，尽量不要上蜡，只要打磨细滑，以保持砚雕纹饰清晰美观即可。（图 5-2-11）

## 九、镌铭

镌铭就是在雕刻完的砚台上镌刻文字，又称"砚铭"。这是砚雕艺术的重要组成部分，是文人墨客及鉴赏收藏家情感流露和人生感悟的载体，通过精湛的刀工把充满哲理和激情昂扬的铭文刻在砚面、砚侧、砚底及砚盖上，使砚台更具有文化内涵和艺术性。镌铭字体表现形式多种多样，如篆、隶、草、楷、行等，体裁有诗词、对联、短文等，文人气息浓厚，韵味十足。（图 5-2-12）

# 第三节　端砚雕刻工具

## 一、锯石工具

### 1.传统锯石工具

传统锯石工具，是将一块大石用钢钎把厚石破开，把砚石凿平，造型确定好，然后将选好的砚材放在平台上用细砂推磨，直至将砚石六面磨平直。

人工手拉式锯石是清代至民国时期黄岗砚雕艺人锯石的一种工具。其工具形如木工用的木锯，只是锯片不同，在人工拉锯时要添加水和钢砂浇灌到石缝里进行锯割。有双人拉，也有单人拉。这种操作方法锯口小，因此，大多用于切割老坑、坑仔岩、麻子坑等名贵砚石，但操作极其辛苦。（图5-3-1）

### 2.当代锯石工具

（1）手提式电动切割机，俗称"手提界机"。原用于建筑行业的瓷砖片切割，由于其功率小，只能用于小砚石切割和对破以及维料造型切角等。手执使用灵活方便。

（2）电动式铁拉锯。这种拉锯是20世纪90年代黄岗砚雕艺人根据双人或单人拉锯原理而改造的，此锯最短1.2米，最长达2.5米。铁锯片上焊接有20多颗合金钢小片块，耐磨、锋利。主要用于大砚石的对破，切割锯开的线条直、砚石面平整。无损耗，减轻了用人拉锯的工作量。（图5-3-2）

（3）大型全自动电动锯石机。此锯石机是21世纪初期砚雕工匠采用的最新型的大

5-3-1　人工拉锯　　　　　　图 5-3-2　电动式拉锯　　　　　　图 5-3-3　全自动电动锯石机

型锯石机，它原用于建筑装饰石材的切割，后经过专业电锯师改装后用于砚石切割。其特点是机械转速快，开锯的石料大，误差小，光滑平整。大大减轻了手工操作的劳动强度，提高了工作效率。（图 5-3-3）

## 二、雕刻工具

在端砚制作中，工具是决定作品成败的关键。工欲善其事，必先利其器，没有好的工具，就不能有好的作品问世。它与其他雕刻种类工具相比是最简单的，但不论大小，每一个工具都有着特殊功能。下面作简要介绍：

1. 工作台

工作台凳是砚雕工艺的主要使用工具，它是由硬木或铁架制成，但如果台面是铁架，一定要在台面添加一块厚木板，这主要是为了避免砚石与铁碰撞，使得制作时砚石经得起敲击，富有弹性，不会对石材造成损伤。工作台的大小、高矮、长宽都由个人的工作要求决定，以舒适、结实为原则。

2. 圆规

圆规是工匠在砚雕实践中用一种钢材特制的工具，它的造型及基本原理与普通教学圆规相同，但砚匠在圆规两脚尖上焊接了两个锥形合金头，磨尖后可在砚石上任意使用，不会被磨损，而且锋利，画出的线条精细准确。

3. 尺子

尺子主要有卷尺、直尺、直角尺和卡尺几种，分别用来量尺寸、画线、测定角度等。

4. 木槌

木槌又称"木棒"。通常是用一根长 25 厘米、宽 15 厘米的硬木制成，常在雕刻花纹中使用。由于端石石性软、硬度低，所以在雕刻中都用木槌敲打凿子和铲刀。这是因为硬木的分量相对较轻，在敲打砚石时具有弹性，震动小，用力轻重容易控制，能较好地刻制端石上的各种图案花纹。

5. "日"字铁锤

"日"字铁锤，是黄岗砚工独制的一种凿石工具。其为"日"字形，重量约 1.5 千克，有木柄。主要用于直接敲击尖嘴凿，打去坚硬而较大面积凹凸不平的砚石面或砚池，铁锤较重，敲打有力，但强度过大容易造成砚石震伤和断裂。有经验的匠师在敲击砚石时会根据不同情况而灵活运用"日"字铁锤。比如在凿去砚石平面时用铁锤头，而凿去砚池废石时就转用铁锤木柄敲击，用力轻重随机应变，使用起来得心应手。

6. 钎凿

钎凿，又称"尖嘴凿"，凿头用合金钢焊接而成。主要是凿去多余的砚石，钎凿有大有小、有长有短、有粗有细，用途各不相同。

7. 凿枷

凿枷，又称"凿卡"，是黄岗砚匠在雕琢中用木块独创的一种辅助工具。凿枷的四边有多个大小不等的圆洞，用于在雕刻中由于手臂支力不够或刀凿柄打滑而卡住。便于执刀时的切、铲或修正纹饰的线和面，使其工艺性达到审美标准和要求。

8. 勾凿

勾凿是一种特制的刀具，刀柄上焊接一块较细的合金片，磨尖后形成"7"型。用于长方形、正方形的勾线。使用时配上凿枷，按照线条的需求勾线，方便、快捷、准确。

图 5-3-4 刻刀

图 5-3-5 端砚制作（泥塑）

9.铲凿

铲凿就是雕刻时大面积铲砚石或凿石的凿刀，形状与刻凿基本相同，只是比刻凿的刀柄及刀口粗、宽些，其长度在 25 厘米左右。如铲砚堂、砚背、覆手等，刀身选用合金刀片焊接在圆钢柄头，两面开刃，一般有圆、平口两种。因为刀口宽阔不适宜雕刻花饰，只能做些粗活。

10.刻刀

就是用于雕刻的刀子。主要用来雕刻端砚上的各种图案纹饰及文字印章等，刻刀主要分凿刀、雕刀两种。凿刀口均用合金钢焊接而成，主要用于凿刻需要的纹饰图案和除去多余的石料。因此，其刀口需要稍厚，而刻刀也由合金钢焊接，主要用于雕刻各种精细的纹饰图案，其刀口比凿刀口薄。刻刀分为圆头刀、尖头刀、平口刀、半圆刀、鸭舌刀、斜角刀等，刻刀长度在 18 厘米至 25 厘米之间，当然，刻刀大小、形状、数量也由使用者根据自身作品需求决定，特殊的雕刻纹饰也可自制特殊刻刀。（图 5-3-4、图 5-3-5）

图 5-3-6　电脑雕刻机

## 三、智能雕刻工具

### 1.电脑雕刻机

用电脑雕刻工具刻砚，是 21 世纪兴起的一种现代智能化电脑操控雕刻技术。它是由人工设计图案，然后根据砚石的尺寸、纹饰、深浅度等要求，录入电脑程序后对浅雕纹饰一次性机械自动操作完成。

电脑雕刻的优点是用浅刀雕刻纹饰，能使深浅度统一，线条均匀，无论砚石大小、简繁、数量多少等都能刻制，解决了砚雕师无法统一某种纹饰的难题，为定制大批量礼品砚提供了保障，节省了大量的人力、物力和时间。

当然，电脑雕刻也存在缺点，主要是雕刻出的图案纹饰呆板僵固、线条生硬，缺少灵活和神韵，无层次感。机械雕刻完成后，如果不进行人工修理，作品就毫无美感可言。

（图 5-3-6）

就目前的电脑雕刻技术而言，对端砚的深雕、透雕以及圆雕工艺效果还不尽如人意，但随着电子技术的发展，这一技术难关一定会攻克。

2.吊机雕刻工具

吊机雕刻，它启蒙和借鉴于玉雕工艺。由于采用电动制式，砚雕师在雕刻中，由脚尖通过马达控制操作，机械功率小，灵活方便，在砚雕工艺行业中被广泛推广。尤其是在深刀雕刻时，砚雕师利用各种大小不等的特制刀头工具对各种雕刻纹饰钻挖、磨光等，如能对纹饰的深浅把握操控得当，图案会更有层次感。吊机协助人工雕刻为砚雕师节省了大量时间和成本，提高了工作效率。

# 第六章
# 收藏与保养

　　我国砚台收藏历史悠久。早在六朝、隋唐时期，文人墨客就重视文房用品的使用与收藏。端砚的收藏成熟于宋代，盛于明清。俗话说："黄金有价，端砚无价。"它不仅体现出使用价值，更体现出其独有的凝天地之精华的艺术内涵，以及文人墨客、收藏爱好者的物质财富和精神财富。因为在每一方砚里，都蕴藏着一段厚重的历史和精彩的故事。通过品鉴、收藏、使用和保养，不仅可以了解到端砚历史文化，增长知识，丰富生活，陶冶情操，更是对中华传统文化和砚雕技艺传承的坚守和保护。

# 第一节　收藏端砚的价值

俗话说："黄金有价砚无价""藏金不如藏砚"。在收藏者看来，端砚是凝天地之精华的艺术结晶，是文人墨客及收藏者的物质和精神财富。端砚不仅有明显的时代特征和地域特色，而且每一方端砚里都蕴藏着一段厚重的历史和精彩的故事。收藏端砚不仅仅是单纯的欣赏和使用，更是对传统文化和砚雕技艺传承的坚守和保护。通过品鉴和研究，可以了解端砚悠久的历史文化，增长知识，丰富生活，陶冶情操，从而得到美的艺术享受。（图 6-1-1）

## 一、端砚作为藏品的特质

### 1. 砚材稀缺

端砚石属于国家稀有不可再生性矿产资源，自 20 世纪 90 年代末，肇庆市政府就对各类砚坑实行停采或封坑措施，以至砚石原材锐减，历史上的三大名坑砚石更是稀少。地质专家说，砚石形成的地质条件十分苛刻，以前虽然发现了端石成矿带，东西长达 1100 多千米，总储量超过 100 万吨，但经过 20 多年的开采，斧柯山及北岭山的砚坑大多数已开采枯竭，即使能达到制作端砚的工艺要求，砚石也极其有限，因此端石原料价格每年成几倍上涨，而且原石储量极少，其升值空间不言而喻。（图 6-1-2）

图 6-1-1　红梅沐雨春意浓砚（王建华藏）

图 6-1-2　山村秋色砚（曹捷藏）

### 2. 不可复制

端砚石为广东肇庆独有，资源稀有。其石质特性、石品花纹和使用特点、雕刻手法也是其他砚石所不具备的。它不像名人字画、官窑瓷器、青铜器皿等可以人工大量复制，对端砚石而言，无论你的技术多么高明也是无法仿制的。

### 3. 良好保存

世界上许多藏品，经过千百年的历史沧桑，很难长久完整保存下来，如铁器、青铜器等金属物品，容易被氧化腐蚀，书画、碑帖容易受潮霉烂，陶瓷器容易破碎，稍有损坏就会使藏品的价值受到影响，甚至分文不值。端砚不易氧化、腐烂，"传千年而不朽"，较易完整保留下来，更无需特殊管理。

### 4. 保值升值

端砚保值、增值具有一定的稳定性。近几年来，端砚已成为人们收藏、投资的热门渠道，端砚成品价格一直攀升。据了解，一级坑仔岩、麻子坑端砚石料从每千克40元上升至每千克150元至200元；自2010年以来，老坑石每千克达到2万元以上，特级老坑石以个论价，一方长35厘米、宽25厘米、厚5厘米的雕工优良的老坑砚，成品价都在50万元至100万元左右。而特大的老坑作品，其价格也在500万元以上，由此可见，收藏端砚可以获得较高的利益回报。（图6-1-3）

图6-1-3　古琴砚（正、背）（简少思藏）

## 二、端砚的价值

### 1.历史价值

一件旧石器时代的石器，可以说没有多少欣赏价值，但它代表的是先民的智慧；而一方秦汉的"石饼"砚台，它随形打磨，光素无纹，相对于后世丰富多彩的古砚形制来说，其观赏价值也许是有限的，可它却给人们带来一种历史感，这就是古砚的历史价值。

纵观历代端砚，它伴随着时代发展的潮流而变化，每方端砚都体现着不同的时代特征以及每个地域的制作特点和风格。比如清代康乾时期，宫廷制作的端砚以"精、巧、雅、绝、秀"为主要特征；海派（苏派）制作的端砚讲究刀法精致，以追求简朴、自然华美而闻名；徽派以追求雍容大方、格调明快的艺术特点著称于世；而粤派（广作）却以细刻和浅浮雕为主，并充分利用端砚石上的各种石品花纹特点，巧妙设计，并采用不同技法精雕细琢。砚雕艺人通过端砚狭小的空间创作出各种造型及图案纹饰，记录当时社会政治、经济、文化艺术发展状况及某些历史人物和重大事件，这些创作将成为后人研究社会历史文化的重要依据。（图6-1-4）

图6-1-4　龙凤聚琴砚
（柳新祥端砚艺术馆藏）

图 6-1-5　仿清四海升平砚（黄斌藏）

2. 文物价值

端砚包括开采、运输、切料、设计、雕刻、打磨、配盒、打蜡、镌铭、包装等十几种制砚工序，工艺复杂，全程手工制作。这种独特而具有地域特色的传统技艺，2006年被列入首批国家非物质文化遗产名录，充分体现了端砚的历史文化价值。

在千余年的发展过程中，端砚制作文化一直伴随着历史发展而一代代传承下来。艰辛的创作过程，凝聚着砚匠无穷的聪明智慧和汗水，体现的是砚匠不屈不挠的拼搏精神。由于其创作深深扎根于基层，不仅能真实反映社会生活，更适应于民间大众群体的审美需求。如浑厚古朴的形制、精湛典雅的雕工、匠心独运的构思、巧夺天工的技法运用等，都体现出端州黄岗砚匠独特的创作个性和端砚的文化价值及文物价值。（图6-1-5）

图 6-1-6　牧归砚（陈炳标作）

### 3. 欣赏价值

端砚的欣赏价值主要体现在砚雕大师对砚石的独特创意、砚石花纹的巧妙应用以及砚雕技法、刀法的运用上。也就是说，它所产生的价值，是通过创作者与众不同的思维和刻刀来表现的。纵观古今端砚，它的美包括了外在美和内在美两方面。

端砚石本身独有的质、色、纹，再加上砚雕师的精心制作，突出了端砚的自然美和创意美，外在美与内在美。欣赏时，令人赏心悦目、回味无穷。（图 6-1-6）

### 4. 经济价值

藏品最大的价值体现就是经济价值。当端砚藏于家中或为实用或为欣赏，此时不存在经济价值，只有当端砚藏品作为商品在流通过程中才会出现价格。价格只能反映端砚藏品的部分价值，故以价格来衡量价值是不全面的，当然，由于每个人对端砚审美的不同从而使其价格也存在偏差。

在古代，端砚一开始只是作为文房中的研磨工具，后来却成为帝王将相、文人墨客及贵族家庭的奢侈品。在宋代以一端砚换豪宅、换田地的例子举不胜举，而今天，端砚的经济价值主要体现在砚石的坑别、石质等级、造型艺术、设计创意、题材选择、雕刻工艺、材料包装、名家制作等方面，每一个细节都体现出不同的艺术价值和经济价值。比如，"老坑风字形龙戏珠砚"的作者巧妙地将一颗天然石眼置于砚额中央，采用深雕技法在石眼上雕蛟龙戏珠，并用祥云衬托在两侧各雕一貔貅呈趴状，生动活泼，如意吉祥，这不仅体现了砚石的珍贵，更凸显了作者巧夺天工的创意。

据了解，一方石质好、创意好、雕工好的端砚作品，保守售价在20万元左右，比20世纪90年代上升了10倍。可见，收藏投资端砚具有很大的升值潜力。（图6-1-7）

## 三、传承文化，启迪智慧

### 1.开文运

端砚质地细腻娇嫩，文化内涵深厚而丰富，尤其是端砚上的石品花纹神秘莫测、变

图6-1-7　四足九龙带盖砚（王刚藏）

化万千，更能引起人的联想，如团团如絮的蕉叶白、清淡的鱼脑冻、朦胧而灰蓝的天青、晶莹可爱的石眼等，这些珍贵的石品呈现在砚石中，不由自主地启发人的思维和创造性。如果有一方端砚摆放在书桌上，静下心来细细品味或研墨书写，自然能够让人赏心悦目，启迪智慧，对前途充满无限希望。

2.励志气

清代以来，端砚雕工日趋精细，题材更有"图必有意，意必吉祥"的特点，现在收藏界多不重视此类砚台，认为俗气，笔者并不这么认为。其实，"意必吉祥"这样的题材正符合国人的传统文化心理。现代科学研究证明，积极的心理暗示能够使人心胸开阔，积极向上。比如，在砚雕中，常见的"指日高升砚""鱼龙变幻砚""望子成龙砚"等，这类题材一直在民间广泛流传使用，深受人们喜爱。端砚经过主人的长久研磨使用，使砚堂产生了凹痕，这时你会对长辈"铁砚磨穿"的坚韧意志肃然起敬。将此类端砚摆在书桌上或者放置在主人的天喜方位，自然能激励下一代人的志气，催人奋发向上。

3.增文气

科学研究表明，家居环境中的器物摆放，对于营造和谐、高雅的生活氛围，具有至关重要的作用。端砚本来就是高雅器物，文气与灵性兼备，更能营造良好的文化气氛。人们在家装时总喜欢摆放一些名贵器物，作为装饰、美化环境之用，如紫砂壶、名家木雕、玉雕、瓷器及工艺品等。这些装饰虽然显得富丽堂皇，气派十足，但总使人觉得缺少了一点"文雅"之气，如果在家中或书房布置一些传统的文房用品，尤其是摆放几块品质优良的端砚，会提升主人涵养，提高家居中的文化档次。（图6-2-1）

4.兴家风

端砚具有"金石永固"的特点，是文化传承的重要载体。假如收藏到一方郑板桥使用过的端砚，你一定会去研究一点文学、书画方面的知识；如果你拥有一方启功先生用过的端砚，即使你从来不写字，也会因为这方砚而去练字习画；同样如果家中藏有几方古端砚，你一定会为家中较深的文化渊源而感到自豪，从而奋发进取，成就家业。所以说，家藏金玉可以积聚财富，而家藏端砚则能传承文化与精神，这对于一个家族的兴衰、家风及文化的传承，具有深远的影响。

## 四、珍玩端砚，强身健体

自古以来，国人就有爱砚、用砚、藏砚的习惯，也有"人养砚，砚养人"的说法。古代鉴藏家对端砚的保健功效，做过亲身体验，如：清代四会县令黄任一生痴爱端砚，曾因"终日玩砚，不理民事"而丢官。他有一个长寿的秘密，就是晚年白天将端砚把玩于手中，晚上唤佣人用端砚在他身上按摩，令其全身舒筋活络、心旷神怡。如此年复一年，从不间断，最终他活了 85 岁。

如今人们除了把收藏端砚作为一种投资增值、赚取更大利润的手段外，更多的是"收

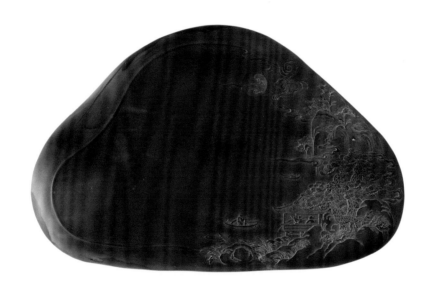

图 6-2-1　渔歌晚唱砚（正、背）（梁俊杰藏）

与藏"，把端砚玩"活"，使端砚更有"灵气"，以达到珍玩、保健的作用。（图6-2-2）

1. 增强记忆力

当你购买到一方精美的端砚捧在手上欣赏时，你会被一种艺术美感所吸引，而这种艺术美感就会深深地烙印在你的记忆中，并引起共鸣。经医学专家测试，端砚石中含有大量铁、镁、钛、钠、磷、锰、钾等对人体有益的微量元素，经常抚拭，可使这些微量元素被人体吸收。如果你在休息之余，用端砚在头部某个穴位或身体部位按摩刺激经络，既能促进脑部血液循环，又有改善视力模糊、提升脑思维功能、增强记忆力的功效。

2. 舒缓情绪

购买端砚不仅是为了投资升值，也可作为舒缓情绪的工具。当你出差或下班回家后深感疲惫劳累，心情自然低沉或暴躁，这时，你在家欣赏端砚或研墨写字，慢慢地，你紧绷的大脑神经就会逐渐放松下来。专家解释说：经常把玩端砚，可以直接降低人体局部和接触部位的温度，疏通脏腑，促使血液循环，进而舒缓紧张情绪，以达到改善循环、平衡阴阳的目的。

3. 令人乐观

俗话说"人养砚三年，砚养你一生"。端砚是一种无言艺术，它需要的是主人的呵护，如果你把端砚玩到有"灵气"后，两者自然会有情感，可谓终身相伴。日久天长，你研墨书写它会令你胸襟开怀，得心应手，深感端砚能给你带来新的世界和希望，从此，生命显得更有价值和意义。（图6-2-3）

4. 促进睡眠

端砚对人体的保健作用很早就被古人发现，认为端石有"滋毛发、养五脏、润心肺、安魂魄"等功效。如果你平时失眠多梦，可以躺在床上放松全身，闭双目定神，并用手轻轻拭摸端砚，慢慢感受端砚细腻的质地，无需多久你就会安然入睡。问其究竟，道理很简单：当你在把玩端砚的过程中，人体皮肤表面上的油脂会不断浸透到砚石颗粒间隙中，使端砚变得更加光滑油润，而大量对人体有益的微量元素同时也会释放到粗糙的皮肤里去。此时此刻，你浮躁不安的心境就会平静下来，从而自然进入甜蜜的梦乡。

经健康医学专家研究发现，长期使用和把玩端砚的人，不仅可以镇定、安神，刺激

图 6-2-2　春江水暖鸭先知砚（高雪藏）

疏通经络，还会起到脏腑安和的作用，令你容颜焕发，带给你快乐和精神享受，全面提升你的身心健康。

## 五、镇宅兆瑞，渴望幸福

端砚是文房中的研磨工具，是我国传统文化中不可缺少的重要组成部分。它有"砚田""墨盂""墨函""墨池""笔田""笔润""笔洗"等称谓，但在民间，端砚的功能远远超出了文房用品的范畴。

自古以来，人们都把端砚作为最珍贵、最值得自豪的家产。古人俗语中曾有"家有墨香，书香绵长""案置一函（墨函），仓有万担""砚田有谷，耕之有福"等说法。当代人虽然无田无地耕种，但也把端砚作为家中最贵重的财产来显富，若祖上或主人能收藏一方或几方端砚传承下去，便是"家山显贵、家道兴隆、书香绵远"的最好象征。

从风水学上讲，端砚还有"驱邪避妖、镇恶扬善"的功能。不论是古代达官显贵、

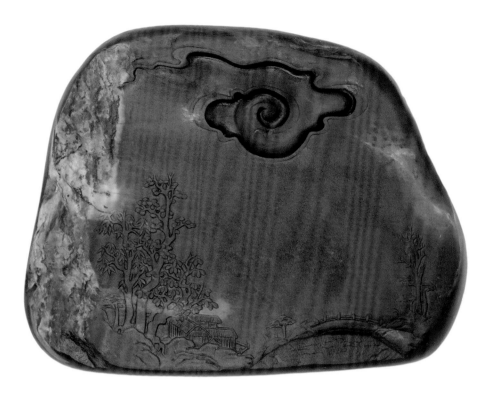

图 6-2-3　小桥流水是人家砚（徐东成藏）

文人雅士，还是当代普通百姓，都把端砚作为家中镇宅驱邪的宝物而珍藏，民间有"一端（端砚）胜百科（邪）"之说，若家中有一方端砚镇宅，必然"邪不靠身，阳气浩然"。主人还认为，越是"有来历"（如前辈尊长使用过或是名家制作的）的端砚，越显得有"灵气""正气"，摆放在家中，可以带来安康吉祥。

在民间不少地方，端砚在人心目中，几乎成了"孔圣人"的代名词。每逢过年过节、新居入住、婚嫁喜庆、小儿满月、学子赴考等大喜日子，总把端砚当成"神灵"设案供奉。尤其是小孩快要到读书时，会用"抓阄"的方式考验孩子，以率先抓到端砚为最吉祥，认为"小时舔墨盂，长大食天厨"。通过"抓周"预兆孩子长大后一定会蟾宫折桂、平步青云、兴家立业。

诸如此类的民间端砚文化，虽然超乎现实、过于浪漫化，但把端砚作为吉祥物崇拜，完全是出于人们对文化的崇拜和对美好生活的渴望与追求。（图 6-2-4）

## 六、赏用兼备，两全其美

### 1.可用、可品

端砚作为文房研墨用具,无论多么精美、名贵,关键是要可用,即砚池宽而深,能蓄水,其次是砚堂要大,便于研磨。石质好的端砚不论是出自哪个坑口,在研磨时都易下墨、发墨,并且不腐、不干涸。这些特点是一般砚所不能及的。从艺术的角度说,端砚独特的魅力是无限的,当你在"品"的过程中,就会发现砚雕师对端砚石质、石品、石色、题材、雕工的每一个细节都是用心去把握的,尤其是"因石构图,因材施艺"的匠心运用和独特构思创意,让你深刻感受到作者精湛的雕刻技艺以及深厚的文化修养和艺术功底,真正体现的是砚雕师专心、专业、敬业的工匠精神。

### 2.可爱、可藏

端砚历史悠久,文化内涵丰富,其不可代替的天然特点与使用功能,令历代无数文人墨客痴迷陶醉。

端砚有自成体系的语汇和制作方法,但制作程序极其繁杂,手法多样,一方端砚从

图 6-2-4　祥云引福砚（朱启富藏）

图 6-2-5　仿清矩形四足九龙砚（程星藏）

开采到制作完成，需要历经十几道工序，每一锤一凿，都凝聚着砚雕师的聪明智慧，每一道制作工序都是一种文化、一种独特的艺术符号、一段精彩的故事。最终由珍而贵、由珍而惜、由珍而爱，因珍而视若瑰宝，从而达到收藏目的。（图 6-2-5）

## 七、玩砚五乐

### 1.寻砚之乐

当下，收藏投资端砚的人越来越多。许多人不论是从网上看到，还是听到他人转让的信息，不管路程多远，都会不顾舟车劳顿前往探求，并不惜重金购买。这其中的热情和痴迷可想而知。喜欢端砚的人，总有一股犟劲儿，他们在工作之余，节日闲暇，不去逛公园，不去喝茶、休闲聊天，唯独愿去逛古玩商城或驱车肇庆购买端砚，在一间间摆满了各种形制精美的端砚展厅里，每个人都是全神贯注，希望有眼缘，尽快遇到"心仪"的。为了兴趣也好，为了收藏（投资）也罢，其中的乐趣无穷。更有趣的是，在收藏界买藏品不叫买，而是叫"淘"。一个"淘"字，把淘宝人的那种执着、艰辛和乐趣都囊括其中了，而"淘"的过程，就是在路上奔波的过程，是一种享乐的过程。

### 2.捡漏之乐

所谓"捡漏"，其实就是一个谈生意的技巧。每个人都希望买到物美价廉的端砚，但目前端砚市场价格差异大，真伪和优劣全凭自己眼光，在捡漏过程中，有时也因"视而不见或见而不识"而"走眼"。因此，视而能见及见面能识，就要凭借一定的"眼力"和谈判技巧，用超低于藏品的价格买到真品。当今"捡漏"的机会实在难得，当你看上一方端砚时，除有缘分外，只凭借你良好的心态、广博的鉴赏知识和丰富的实践经验是不够的，还要靠独特的眼光和谈价本领，俗话说"砚遇"的机会总是留给执着痴迷的端砚人。

"众里寻他千百度，蓦然回首，那人却在灯火阑珊处。"每当得到心仪已久的藏品时，那种"捡了个大便宜""如获至宝"般喜悦的心情，非一般人所能理解。（图6-2-6）

图6-2-6　月是故乡圆砚（朱家国藏）

3.把玩之乐

古往今来，人类在生存、繁衍、劳作之余，也需要一种精神寄托，休闲是对生命的珍惜、对身心的养护，也是为了更加高效的工作。今天的社会竞争压力大，工作生计的繁忙，心力交瘁的浮躁，都需要通过休闲来养精蓄锐，工作之闲、茶余饭后，安安静静地把玩一方制作精良的端砚，就能细细品味端砚的造型之美、纹饰之美、题材之美和古朴之美，尽可领略一种无尽的遐想和陶醉，使心态得到调整，性情得到修炼，心灵得到升华。其作用不亚于练习气功时"气沉丹田"一番。

### 4. 交友之乐

收藏端砚到了一定境界，不是坐拥奇珍，秘不示人，享受独有的自我陶醉，而是要发挥端砚收藏的社会属性，广交朋友，与大家一起分享快乐。

端砚具有各种艺术特点，要想了解其文化内涵，必须要先了解端砚的基本知识，而藏友之间，不论年龄长幼、职位高低、学识深浅，能者为师，有疑惑和不懂的地方，虚心向砚友求教，不用交学费就能积累实战经验。如果家藏一方名贵端砚，与砚友相聚一起，欣赏观摩，鉴别真伪，切磋分析，各抒己见，砚友之间互通有无，相互交换，既丰富了藏品，又增进了友谊，其乐融融。

### 5. 学习之乐

收藏是一项知识密集型的文化活动，只有踏实学习，虚心求教，锲而不舍，才能不断提高鉴藏水平。端砚集历史、文学、书画、雕塑、篆刻、金石等于一体，内涵深厚。一个成功的收藏者，必定是一个善于学习、知识丰富的人，所谓"文眼识古董，收藏品自高"，说的就是这个道理。端砚本身就是历史的载体，为藏者展示无限的境界，从某种意义上说，你收藏的不仅是一方端砚，也是一段历史、一个故事。当收藏者掌握了古端砚的相关知识，使自己的鉴赏水平和辨别能力迅速提高，就能更深刻地了解端砚的历史价值、文化艺术价值，仿佛拥有了新的财富，一种自豪感便会油然而生。（图6-2-7）

图6-2-7　衣锦还乡砚（梁元辉藏）

# 第二节　鉴赏端砚的方法

端砚雕刻艺术的本质是人文精神的视觉化呈现。柏拉图感叹说："美是最难的。"视觉美也是这个难题中的一部分。的确，端砚艺术，甚至整个工艺美术里的诸多美感都是通过形式显示出来的，它主要凭借视觉上的形式美，如线条、质地、结构、纹饰、技法、刀法等，尤其是砚石中那些神秘莫测、变化万千的石品一一呈现在眼前时，不由让人产生内心的冲动和情感的满足。但是，一件作品如果不能引起观者的共鸣，手工再精巧，也只能归属工艺品的范畴，就失去了本应有的艺术生命，更称不上什么艺术作品。那么，如何鉴赏端砚艺术独特的文化内涵和审美价值？不妨从以下几方面入手：

## 一、"石"之鉴赏

### 1.石质

优良的石质是体现端砚价值的基本条件，也是辨别端砚的依据。端砚的特点是石性温润，细腻娇嫩，坚实致密，手按似小儿肌肤。即便是一般砚坑中的砚石其细腻度也油润如玉，令人爱不释手，更不用说最名贵的老坑石了。

《说砚》中称赞端砚有八德，即"不挠而折，贮水不耗，研墨无泡，发墨无声，停墨浮艳，护毫加秀，起墨不滞，经久不乏"[1]。只有研墨时才能体验到这种心荡神驰的

---

[1]陈日荣编著·《宝砚风华录》，北京：语文出版社，1998年版，第124页。

感觉。

　　鉴定端砚石质，多数人仍然采用手指敲击法。根据古人的经验，不同的石质敲击发出的声音也有所不同。比如，老坑、坑仔岩、麻子坑砚石敲击时发出的是"木声"或"闷声"，而宋坑、梅花坑、绿端、朝天岩、白线岩等砚石多为金石声。但仅用石声来判断砚石的真伪与优劣并不是唯一标准，石声有时也因为砚石的大小、厚薄而有所不同。当声音不能准确判断时，最好还是用手把玩之，手感细腻幼嫩、润泽如泥，即为端溪佳石。（图 6-3-1）

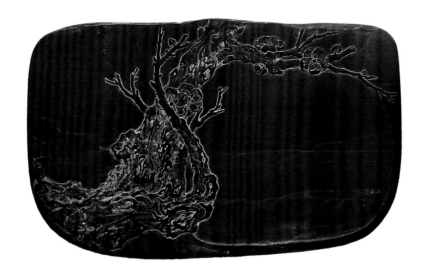

图 6-3-1　暗香浮动砚及拓片（梁思勇藏）

图 6-3-2　龙凤呈祥宝盒砚（王立霞作）

## 2.石色

端砚石的主色调为紫色。自唐代以来，端石就有"紫云""紫玉""紫英"等美誉。

端砚各坑种之间都有不同色泽，即使同一个坑口，其石色也有深浅之分、浓淡之别。历代制砚师们通过实践对各洞口砚石的色泽特征进行了分类。

老坑石外观灰带紫蓝；坑仔岩石色青紫带红，颜色比较均匀；麻子坑石色青紫带蓝，色彩丰富；宋坑石色紫如猪肝，或紫偏青黄；古塔岩石色紫中带赤，有些部位带紫红或玫瑰红；宣德岩以猪肝色为基调，略带紫蓝、苍灰；朝天岩石呈紫蓝色，带有青苔斑点。梅花坑石灰而带淡黄等。地质专家解释说，端石各坑洞石色有所不同，主要是由各坑砚石矿物成分的差异所决定的。但由于构成各坑洞砚石矿物的主要成分比较接近，又决定了它们有一个共同的特点，即都是以紫色为基本色调（白端石除外），又将其微妙的色差分为紫蓝、紫赤、紫黑、紫褐、青紫、正紫等。除此之外，在端砚中还有黑端、白端、绿端以及红端，这些砚石均以其本身色泽而称之。（图 6-3-2）

图 6-3-3　仿清神兽闹海砚（谢怡藏）

3.石品

石品花纹是端砚独有的特征，是鉴赏端砚的必要条件，也是衡量其艺术价值和经济价值的主要因素之一。自古以来，历代帝王将相及文人墨客对端砚石品的著述汗牛充栋，通过拟人、比喻手法描述石品的奇、妙、特、精。如北宋吴淑在《砚赋》中，对石品这样描述："滴蟾蜍之积润，点鸲鹆之寒星……玩微湛之金线，重点滴之青花。"[2]清代无名氏《端石考》砚诗："青花细细似微尘，蕉叶白中时隐见。空濛雨气成黄龙，欲散不散浮水面。猪肝淡紫方新鲜，带血千年质未变。中间火捺晕如钱，半壁阴沉望似烟。翡翠朱砂非一种，斑斑麻鹊点多圆……"[3]端砚石品很多，形态独特，主要有鱼脑冻、蕉叶白、石眼、火捺、天青、青花、冰纹、金线、银线、玫瑰紫、胭脂晕等数十种，这些石品隐藏在砚石中，或上或下、或大或小、或疏或密，形状各异，神秘莫测，令人浮想联翩。（图 6-3-3）

[2] 柳新祥著：《中国名砚·端砚》，长沙：湖南美术出版社，2010 年版，第 132 页。
[3] 同上

图 6-3-4　福寿无疆砚

石品对砚台题材设计以及雕刻起着至关重要的作用。制砚师会把某一石品放在砚堂的中心部位供人欣赏，同时根据各个石品的形态大小、特征和色泽设计各种各样的图案，如山水美景、飞禽走兽、花草树木、人物形象以及几何抽象形图案等，以增加端砚艺术的美感，提升其经济价值。通过揣摩、欣赏，可领略到端砚石品中千变万化的奇妙景观。

## 二、"品"之鉴赏

所谓"品"，包括两种含义，一是"品鉴"，二是作品"品相"。在此，"品"指的是端砚的品相，即形制。从欣赏角度说，一方砚的品相就好比人的相貌，应该是形端表正，落落大方，并以砚品作为审视自己的行为标准。

自古至今，文人墨客及收藏家们对端砚的品相（形制）十分讲究，特别喜欢其造型规矩大方、厚重古朴、四角垂直、六面临风。宋代米芾《砚史》载："土人（指端州人）尤重端样，以平直斗样为贵，得美石无瑕，必先作此样。"可见，砚台形制对文人墨客及收藏者来说是多么重要。宋代米芾要求"砚以方为贵，浑朴为佳，多不得其形"[4]。清代江藩认为"琢成之式，方角宜钝，圆体而浑"[5]。清代潘稼堂曰"砚之制，因圆成规，遇方为矩"[6]。在砚雕艺术中，通常把端砚的品相（形制）分为三大类。一是长方形、正方形、圆形、椭圆形等为上品砚形。二是以器物、瓜果、花卉、天然砚形制为标准砚形。三是三角形、锥体形以及不适于研磨使用和各种奇形怪状的砚，统称为丑陋砚形。当然，对于端砚形制的审美，因每个人的文化艺术修养和审美的差异，会产生不同的审美情趣。有人喜欢简洁大方、古朴、厚重的造型，有人钟爱雕龙刻凤、精致繁杂的造型，但无论何时，品鉴端砚，其完美和厚重的外形是不能缺少的。（图6-3-4）

### 三、"工"之鉴赏

即雕刻工艺的鉴赏。俗话说"有佳石不可无良工"，一方好的端砚，除优异的品质外，还应用高超的雕刻技艺去表现。

好的雕工固然能使砚"物尽其美"，显现端砚的艺术美，但一味追求"工艺"而忽略了砚的使用价值，将砚堂弄得很小或者"消失"，与砚体不成比例，它也只能算是一件工艺品。正如清代江蕴《端研记》所载：端砚"所雕之纹，务掩疵显美，务去繁琐而求雅洁，务去浮华而求浑朴，务去纤巧而求天然（不尽琢磨，半留本色），务去陈俗而求清新"[7]。完美的砚雕艺术，不一定用繁杂的雕刻，而是要有匠心独运的创意。根据砚石的特点进行巧妙构思，通过各种雕刻技法精雕细琢，变瑕疵为纹饰，就能产生最美的艺术效果。

其实，砚雕艺术中的"工"与"艺"是相应统一中的互补关系，它强调更多的是"艺"，一味地强调"多工、多艺"是对砚雕技术的一种错误理解。端砚石的自身特点，决定了创意的独特性，因此，上好的砚石如果创意好就不需要花太多的雕工去装饰，如果石质一般，就需要"添枝加叶"，赋予作品更多艺术价值。总之，砚雕工艺是"因圆而规，遇方而矩"和"因石构思，因材施艺"的一种艰苦创作的具体体现。（图6-3-5）

[4] 陈日荣编著：《宝砚风华录》，北京：语文出版社，1998年版，第147页。
[5] 同上。
[6] 同上。
[7] 陈日荣编著：《宝砚风华录》，北京：语文出版社，1998年版，第146页。

图 6-3-5　风字形龙戏珠砚（柳枫、刘辉藏）

## 四、"铭"之鉴赏

简单地说，"铭"就是刻在砚体上的一种与砚本身相关的，或为叙事、或以自警、或以纪念、或言志寄情的文字，多镌刻于砚面、砚侧和砚背，也有刻在砚盒上面的。砚是集文学、金石、书法、雕塑于一体的综合性艺术。如果抛开其文学性，铭文作为端砚艺术的一个分支学科，具有较高的欣赏价值和深厚的文化内涵，成为欣赏和鉴定端砚的一个极为重要的内容和标准。一方质量上乘的端砚，其铭文内容的撰写、书体的确定和具体的表现手法都是十分讲究的。它所表现出来的艺术效果与砚铭作者的文化素养不无关系，砚体上以精练的文字、精到的书法和精准的刀工所表现出的铭文，对砚台本身是一次艺术上的升华，其意义不能与简单的刻字相提并论。

铭文内容则由不同的书体表现，而不同的书体则表现出不同的个人情感色彩，如楷书表现出端庄、秀丽、工整、严肃的特点，隶书则表现出文静、安闲、含蓄的气氛，草书则表现了豪迈、痛快、张扬和速度，金文则诠释了拙朴、沧桑、刚劲和力量。由于铭文用不同的刀法表现，所以会产生具有各种不同意趣的装饰效果。如单刀法就表现出一种快意、一种力量、一种率真，而减地平刀则给人以清爽、干净、灵秀的感觉，双刀则可以表现出刚劲、清瘦、坚韧的书风。

每一个时代的砚铭都有自己不同的装饰特点和风格。如唐、宋、元时期端砚的铭文极少，或简短几句，砚铭主要是记事或馈赠感言，或是记录刻制时间、藏主等，很少有品砚、说砚的文字。至明清时期砚铭已到了"件件端砚必有铭"的地步，尤其是乾隆帝对铭文的撰写、镌刻表现出极大兴趣，以至清宫藏砚几乎达到了"砚无不铭"的地步，可谓亘古自今世间少有。

而在当代，端砚的铭文吸收了古人传统砚铭的遗风，并在形式上对多种风格进行融合，形成了一种新的令人喜闻乐见的艺术表现方式，具有很高的知识性、艺术性和趣味性。（图 6-3-6）

图 6-3-6 山居秋色砚（正、背）（陆烨藏）

# 第三节　收藏端砚的秘诀

## 一、收藏（投资）端砚的方法

端砚质地高洁，石品花纹丰富多姿，并以雕刻工艺精湛闻名于世。目前使用和收藏端砚的人越来越多，端砚的价值不断提升。但如今端砚市场鱼目混珠，质量参差不齐，价格更是天壤之别，这对于初入端砚收藏之路者更是真假难辨，一头雾水。为了让端砚爱好者掌握端砚知识，少走弯路，现简要介绍收藏端砚的几种方法：

1.选购端砚的六种技巧

一看。就是看端砚的石质、石色、石品。自唐代以来，人们都称端砚为"紫石""紫云""紫玉"等，其石质细腻滋润，石色大多呈紫红或蓝色，石品主要有蕉叶白、火捺、石眼、金线、银线、天青、翡翠等，这些都是端石的独有特征，其他砚石并无这些石品，只要把砚台浸泡在清水里就能分辨清楚。而绿端和白端石色纯正、温和、沉稳，容易辨别。

二摸。把砚台捧在手上，用手指轻轻放在砚堂上拭擦抚摸，并能用手指搓出细泥条。如果摸起来石质感觉像小儿肌肤一样光滑细腻柔嫩，则说明砚石质地好；如果摸上去有粗糙、干涩的感觉，则说明其石质较差或非端砚石。

三敲。就是将砚台五指托空，用木棒轻轻打击，或用手指轻弹，闻其声如"木声"或"闷声"即佳。反之，砚石发出"咣咣"声，证明砚石质地欠佳，则不是端砚。（图6-4-1）

四洗。由于端砚名气大、价值高，目前一些不法商家每用颜色相近的石头冒充端石，以假乱真，此外，各地古玩市场还用所谓"古端砚"谋取暴利。其实要想证明是否为古端砚，只要把砚放入水中一洗，所谓"古包浆"就会脱落，"古端砚"的真假便一目了然。

五掂。即用手掂砚的重量，同样大小的砚石，一般来说端砚石重量要比其他砚石轻。因为端砚石属泥质页岩结构，胶结紧、颗粒细、密度大。而抓在手上其重量如铁铊似的，则不属端砚。

六刻。即用刀刻，要想辨别端砚的真假，只要在砚石上轻轻刻上几刀，如刻刀在砚石上打滑，说明砚石质地远远超过端砚石的硬度（端砚的硬度为2.5度至3.5度）。可以肯定，并非端砚石制作。

2. 合理评估大师作品价格

砚雕大师作品，通常给人的感觉是价格贵，但贵也有贵的原因。大师作品不仅选用名贵砚材精雕细琢，更重要的是，其作品的创意也非同一般砚作，这就是为什么说大师

图 6-4-1　敲砚听声

图 6-4-2　风字形夔龙纹砚（王庆春藏）

作品"身子贵、价格高"的原因了。很多朋友虽然对大师端砚作品很喜欢，但却在购买时缺乏对大师应有的耐心和尊重，最后谈崩，不欢而散。究其原因主要有以下几点：

一是乱还价。端砚作品都是靠手工刻制，从选料、设计到制作完成，费心费力，倾

注了大量心血和汗水，而由于购买者对端砚的制作工序一知半解或完全不了解，在跟大师谈价格时，便把大师作品当成路边的地摊货来看待，认为端砚不过是块石头，雕刻的刻工甚至跟学徒工制作无异，并按照自己的意愿从几百元至几千元还价，认为这样可以花更少的钱买到大师作品，赚到大笔利润。（图6-4-2）

二是乱压价。通常大师的作品价格都是根据自身对作品创作的实际过程，如用料、创意、雕刻时间、整体艺术效果和附加值等，经过多方面综合考虑而定出的价格，即使有虚高的情况也不会太大。但购买者并不考虑大师创作的艰辛付出，一路压价。比如一方价值10万元的老坑石大师作品，竟还价到1万元，令大师哭笑不得。

三是过于讨价还价。作为收藏者购买商品时讨价还价天经地义，也符合商业规矩，是一件很正常的事，但有的人在购买大师作品时并不尊重大师的荣誉和付出的艰辛劳动，而是拿着大师作品反复讨价还价，毫不顾及大师的感受，一直强调大师作品与普通工匠的作品并无区别，通过反复压价讨价还价以获得心理平衡。

当然，客户只要真心喜欢大师的作品，在尊重大师价值荣誉和辛勤创作的前提下，适当砍价无可非议。不走极端就能皆大欢喜。（图6-4-3）

3.购买时忌情绪化

端砚名贵，升值空间大，越来越多的人已加入收藏（投资）端砚的行列，但在其中也出现了"极左"或"极右"的两种人。极左者，由于缺乏对端砚市场的了解，不惜用数百万甚至数千万元资金购买端砚或砚材放置家中等待升值，最终造成资金积压。更有甚者，为了让砚升值满足心理需求或对某个大师作品一时痴心迷恋，把全家人的生活积蓄拿出来，甚至用自己住的房子作银行抵押贷款购买，造成家庭生活极其困难。极右者，非常喜爱端砚，并且有经济实力，总想购买几方名贵端砚或大师作品放在家中收藏，但每一次想买就退缩，认为大师作品价格太贵，等价格低下来再说，可一等就是20多年，大师的作品价格已上升到十倍以上。有一位藏家，想收藏一方大师作品，最后却因1000元差价而放弃购买，至今让他后悔莫及。其实，这种"极左""极右"的做法都是不明智的。（图6-4-4）

图 6-4-3 仿西周簋形双龙耳带盖砚(柳新祥端砚艺术馆藏)

图 6-4-4 长方形夔龙纹砚(蒋茂翔藏)

4.首选名家名作

端砚人人喜爱，但对于收藏者来说，能收藏到名家名作是一件很美好的事，也是一种很好的投资选项。主要有以下两大特点：

一是创意新，工艺精。大师的作品具有不可复制性。在创作中，大师对每一块砚石的石色、石质、石品花纹等都要经过多次的反复琢磨和推敲之后才进行精心设计雕琢，最后才能使作品具有"天人合一"的艺术美感，而不是简单地就地取材立即下刀雕刻。从作品中就能体会到大师的造型设计、题材立意、纹饰布局、雕刻技法、刀法运用等匠心独运的艺术魅力。

事实上，砚雕大师在创作上是非常严谨认真的，付出的艰辛也是巨大的。比如，同样的一块砚石，他们在选料、制璞、设计创意、雕刻技法及刀法运用上都各不相同。这是因为大师在本行业从艺数十年，对每一件作品的设计理念都有独到的见解，可以说都是用心血和汗水凝结而成的，这些付出是别人感受不到的。只要坐下来细看，慢慢品赏作品，就能感受到其创意特点和艺术美感是其他作品无法代替的，这种独特的创意效果具有唯一性。

二是大师毕生潜心研究，著书立说，提升作品价值。制砚大师一生倾心端砚艺术创作和研究，作品具有独特的个性和风格。他们不仅有精湛的技艺和创新精神，而且能把端砚的理论研究用于创作，提升和丰富了作品的文化艺术内涵。此外，大师们的人品也得到了藏家和社会的肯定，具有较大的社会影响力，可谓"德艺双馨"。因此，收藏（投资）大师作品，无论从艺术价值还是经济价值角度来说，都是一个非常好的选择。即使价格贵也属正常，货真价实也在情理之中。（图6-4-5）

## 二、评估端砚价格的三个标准

1.以质论价

评估端砚的价格，应先从材质来判定。材质好的砚台，尤其是"三大名坑"，其价格肯定比普通的砚台贵很多，但也不能一概而论，还要根据砚石的质地来判断。例如，有的砚石虽然出自名坑，但石质不细腻，由于砚石分为三层，即上层（顶板）、中层（石

图 6-4-5　三狮闹春带盖砚（柳新祥端砚艺术馆藏）

肉）、下层（底板）。其中中层（石肉）为最佳，这类砚价格自然要高些。此外，砚石上珍贵石品花纹如鱼脑冻、石眼、蕉叶白、火捺等也是评估价格的重要因素。在购买时，更要看砚石上是否有石疵或裂纹，有则其价格相对低廉，但尽量不要购买，以免遭受损失。

2. 以工论价

雕刻是砚雕艺术的重要表现手段，也是体现砚雕作品经济价值的主要因素。判断其价格，要从整体上评估其价格。比如看造型是否规整完美，雕工是否精致，题材是否有新意，布局是否合理，技法运用是否完美。但并不是说雕工越多越值钱，那些枯燥、肤浅、杂乱无章的雕工，反而影响了砚台的艺术价值。（图 6-4-6）

3. 以名气论价

所谓名气，是指作者本人的知名度。名气越大，其作品价格就越高。一件好的作品不仅在创意和雕刻工艺上具有较高的艺术欣赏性，同时伴有作者的荣誉附加值，深深影响着作品的价格。比如，国家级大师称号、省级大师称号、高级职称等代表着作者在本行业中潜心钻研数十年，每一件作品都浸透着他们艰辛创作的心血和汗水，其独特的创意无法用言语表达。因此，在价格上自然就会高一些。

据了解，我国各地的砚雕作品价格在评估时，由于当地的经济发展状况、生活水平有差异，其作品价格也有所差别，但不管怎样，评估一件端砚作品，要综合多种因素定价，

图 6-4-6　红梅一笑福满乾坤砚（柳新祥作）

而不能乱定价。尤其是一些名家名作，以尊重作者的付出为前提，其价格总比一般砚雕作品高几倍或十倍，这样才能体现制砚大师的真正价值。

## 三、选购端砚的六大误区

端石资源的稀缺、端砚价格的不断上升，使越来越多的人进入端砚收藏领域，但由于缺乏相关的端砚知识，在购买端砚时不知如何是好。在此，要避免深陷六大误区。

1. 重坑不重工

收藏者在购买端砚时，出于对传统历史"名坑"的崇拜，总想买端砚中的"三大名坑"（即老坑、坑仔岩、麻子坑）砚石。从使用和收藏（投资）角度来说，这种做法没有错，毕竟"三大名坑"名气大、特点多，收藏投资升值潜力大。但有些人常常注重坑别石质却忽略了其雕刻艺术。在选购时，只要是"三大名坑"砚石，不问雕工如何，就爽快买下了，放在家中等待增值。其效果适得其反。俗话说"三分砚石，七分工艺"，就是这个道理。目前由于砚雕艺人技艺水平参差不齐，作品及价格也相差甚远。在审美观不足和判断力不高的情况下，不要过于注重"名坑"名石而忽略了雕工，即使买回去再好的砚石，但雕工拙劣、粗糙，买下的也只是质次价高的产品，而不是精品。（图6-4-7）

图 6-4-7　如来说法砚（程振良作）

### 2. 重大不重小

砚雕作品，有大有小，有厚有薄，通常老坑、坑仔岩、麻子坑等名坑砚石不会太大、太重。一是在坑洞内采石时所决定的，二是砚石名贵，大多数要切成片状，以降低投资成本。

有的收藏者在购买端砚时，并没有考虑砚的坑别、质地、造型、题材、雕工等创作因素，只贪图砚石大而厚，特别强调越大越值钱，却忽略了砚的艺术性和实用性。目前，端砚市场上就有几百甚至是几千斤的端砚成品，在购买使用时要多人抬走。其实，端砚作为文房研磨工具，应该便于挪移，使用方便。而这里所谓的小砚，指的是长度在15厘米至35厘米、厚度在2厘米至10厘米的砚。这些砚石瑕疵极少，不少石品花纹充满其中，如石眼、火捺、蕉白岩、鱼脑冻、天青、青花、金线、银线等，再加上精湛的雕刻工艺，使用、欣赏起来令人爱不释手。其市场售价，也不比体积硕大的砚价格低，有的甚至超

过大砚价格的好几倍。（图6-4-8）

当然，并不是说购买大砚不好，关键要根据自身用途而定。无论是使用还是收藏（投资），不论石材厚薄、大小、石质和品相，独特的创意设计和精湛的雕刻工艺才是收藏投资者最需要注意的。

3.重廉不重贵

购买商品时，谁都喜欢购买物美价廉的，但是真正物美价廉的精品非常少有，因为任何一个商家都不会做亏本买卖。许多人对端砚基本知识掌握不够，对端砚市场行情缺乏了解，他们专门购买廉价端砚作为收藏投资，期望保值升值，其结果往往事与愿违。

通常廉价的端砚大致有以下几种：

（1）石质劣次，不宜研墨、发墨。

（2）砚体瑕疵裂纹多。

（3）无雕刻工艺，无艺术美感可言。

（4）造型丑陋，品相差。

（5）机械雕刻产品。

俗话说："一分钱，一分货。"价格高的端砚，当然也有"高"的道理，试想一方优质名坑砚石，作者用大量时间和心血去设计创作，又怎能廉价呢？更不用说是出自大师或名家之手的作品。（图6-4-9）

4.重色不重润

端砚密实、细腻、温润如玉，砚石的滋润度关系到研磨及发墨的快与慢、浓与淡、亮与暗等，同时也关系到人的欣赏审美，如砚石的颜色、质地、石品花纹等，必然是收藏者购买时首要考虑的。

在这里所说的"色"，就是砚石的基本色泽。通常情况下，购买者都会选择紫色的砚。"紫色"砚古人又称"紫玉""紫云"，色泽庄重、沉稳，有"紫气东来"之寓意，招人喜欢。有的砚石虽然呈紫色，且色泽好，但质地却显粗糙，石品不佳，像这样的端砚作为收藏品显然不够格。

因此，购买者不要强调端砚所谓的"纯白""纯紫""纯绿"等，因为即使一种坑

图 6-4-8　金蟾吐瑞砚（何伟明藏）

图 6-4-9　群星拱月砚
（柳新祥端砚艺术馆藏）

洞采出的石色也有偏差，如赤带偏紫、蓝中带青、青中带紫、灰中带青、绿中带白等。最好的砚石是质地滋润、细腻，放水中观之石色和谐悦目，拭之温润如玉。砚石整体纯净，无瑕疵，无石筋，无裂绺，此类应属于上品了。

5. 重质不重皮

端砚的材质的好与否，是衡量其艺术价值和经济价值的基本要素。但许多人在购买端砚时却忽略了一个很值得欣赏的颜色——端砚石皮。"石皮"又称"黄膘"，是包裹在端石外表的一层色泽，厚度一般小于1厘米左右，其形成的原因是端石裂面被铁质、钙质等浸染成红、黄褐等颜色，在石面上形成一层薄膜。颜色也很多样，主要有深黄色、金黄色、浅黄色、深红色、淡红色、黑色和绿色等。砚雕艺人在创作中都会根据砚石石皮的不同颜色，设计出不同造型和不同题材，采用不同的表现技法，巧妙利用砚石的红、黄、绿等鲜艳色泽精心雕琢，如人物、山水、瓜果、飞禽瑞兽、花卉鱼虫等纹饰。

近年来，人们对端砚艺术的审美要求越来越高，也意识到端砚石皮在砚雕艺术中所发挥的作用。石皮是端砚石所独有的特色。砚雕艺人的匠心设计，使石皮在作品中产生了画龙点睛的艺术效果。从收藏、增值、保值的角度看，"重质不重皮"或"重皮不重质"，都是收藏投资不可取的。（图6-4-10）

6. 重古不重新

中国自古以来就是一个崇尚文化的国度，也有收藏古砚的传统。端砚不仅有丰富的历史文化内涵，而且每个时代都有其独特的风格，具有很高的历史价值和文物价值。

经过千余年的文化沉淀，虽然给后世留下了不少端砚，但古端砚现存数量毕竟有限，而且多数已经被博物馆和成千上万的古端砚收藏者纳入囊中。古端砚有着不可再生性，

图6-4-10　饮水思源砚（梁弘健作）

其价格也是节节攀升。古端砚越来越少，人们逐渐抛弃了厚古薄今的观念，收藏者的目光逐渐转向了当代制砚大师作品上。当代端砚题材独特新颖，时代气息浓郁，加之材料具有稀缺性以及巧夺天工的砚雕艺术，因而深受国内外收藏者钟爱。（图 6-4-11）

现代端砚具有以下特点：

（1）坑种多，石质优良。

（2）造型多样，形制优美。

（3）技法、刀法精练，雕刻工艺精湛。

（4）题材独特，丰富多彩，时代气息浓郁。

（5）岭南地域风格明显，个性突出。

因此，无论是古端砚还是新端砚，其独特的艺术魅力都令人痴迷回味。

图 6-4-11　仿西周簋形饕餮带盖石渠砚（柳新祥端砚艺术馆藏）

# 第四节　端砚保养

## 一、用砚的方法

端砚集历史、艺术、鉴赏、研究、收藏于一身，是极具收藏价值的高档艺术品，虽然说端砚"无量寿，可与世同存"，但如果使用不当，保存不好，既影响使用效果，又会损伤砚台的石质和纹饰，使之贬值。学会保养、认真呵护是收藏使用端砚的前提。下面简要介绍几种使用和保养端砚的方法：

1. 用前要"发砚"

发砚，又称"开砚"，即在新砚上研墨。古人的发砚经验是："启用新砚，务必以杉木炭末，稻草蘸水和之。"新砚上面都会有一层蜡或油脂，如果不清理就使用，不仅仅墨条在砚堂中会打滑，而且发墨差，甚至不发墨。在墨堂磨刷数次，使之蜡层尽去，再洗干净即可磨墨。

最好的方法是在使用之前先用毛刷蘸清水调制的木炭粉（用杉木烧成）刷洗砚堂一次或多次，退去蜡层后，再用1000#水磨砂纸对砚堂打磨，然后用清水冲洗干净，就可达到发墨效果了。（图6-5-1）

2. 启用新墨

购买到一方名贵的端砚后，要买一块上好的墨条来研墨。鉴于目前墨锭质量参差不齐、鱼龙混杂，劣质的墨条条内夹砂多，如果用这样的墨锭在砚堂中研磨，肯定会刮伤

图 6-5-1　研墨示意图

砚堂，因此，使用者千万别买次质墨条，如果使用时发现劣质墨锭应立即停止使用，以免造成对砚面的伤害。只有用优质的墨锭，才能磨出乌黑油光的墨汁。

3. 正确研墨

年轻人学习书法进步快，但真正懂得和使用研磨墨的人并不多。现介绍几种正确研墨方法：

研磨方法主要有两种：一是大圆圈式，即从左往右（顺时针）周而复始地重复转圈。用这种方法研墨的范围大，不会集中在某一区域，使用砚堂更均匀。二是上下推拉式，即从上至下来回拖推，日本、韩国多用此推拉式，均要求墨身垂直，悬肘执墨要重，移动要先慢后快，切不可急于求成。

新墨锭研墨时常有棱角和胶性，尤其是要避免大力重磨。急躁的情绪之下，如果用力过大、过猛，不仅研磨出的墨汁粗糙，对砚堂也是一种极大的伤害。

研磨加水时要用干净的清水，切不可利用茶叶水、有色水或温度较高的水，更忌用煎煮之水研磨。有色水会影响墨色的纯正，高温的水对墨和砚也不利。用水滴加水时要一点一点地加，更不能把墨锭浸软磨墨，这样既损墨又伤砚，还会使墨汁失色失光，浓稀不均。

研墨也要讲究环境。通常情况下，零度以下不适宜使用砚台研磨，因为温度很低时砚台中的水容易结冰。尤其北方的冬天，天气极寒，端砚虽含水量足，但在低温下如加冰冷的水用墨锭研磨，极易打滑并造成砚面划伤。最好是采用暖砚，一边加温，一边研磨。

当磨完墨后，更不能将墨锭放于砚堂不取，因为墨锭干燥后会粘在砚堂上，拔下墨锭时容易剥去砚面，给砚面造成难以弥补的遗憾。（图 6-5-2）

图 6-5-2　仿宋绳结砚（黄斌藏）

## 二、养砚的方法

### 1. 及时清洗砚

端砚在使用前后必须要进行清洗。古人云，"宁可三日不沐面，不可一日不洗砚"[8]，认为研墨后不洗砚会影响墨汁的使用。《砚林拾遗》载："有癖砚者，每晨盥面水移注木盆，涤以莲房，浸良久，取出风干。"[9]

端砚用完后，清洗的重点是砚堂、砚池，只有这样才能保证砚石细腻柔润，在第二次研磨时让墨色保持纯正。洗砚最好是用皂角清水、丝瓜瓤或莲蓬壳慢慢洗去砚面滞墨，也可用海绵或猪毛牙刷蘸谷糠灰洗刷，切不可用污水和开水清洗，会影响研墨效果。如

---

[8] 陈日荣编著：《宝砚风华录》，北京：语文出版社，1998 年版，第 152 页。

[9]《端砚大观》编写组编：《端砚大观》，北京：红旗出版社，2005 年版，第 154 页。

果有屡洗不去的墨斑时，可用 1000# 水磨砂纸蘸牙膏轻轻磨刷即去，光滑如新。洗后风干或用干净软布拭干，不可以用铁片、硬布或废旧纸张等材料擦拭，以免伤及砚面。

2. 养砚

端砚石与水有着千丝万缕的关系。由于端溪砚石生成于西江水位百米之下，常年浸于水中，所以会保持细腻、滋润、柔软的特性。通常情况下，端砚放置家中不需要刻意去添加清水或放入水中浸泡养护，只要存放在阴凉的地方即可使用。

此外，有的使用、收藏者，为了保护端砚的光泽油亮，会不定期在端砚上擦抹核桃油、花生油，有的还用猪油、化工油漆等之类的东西，认为这样能保持砚石的手感和润泽，其实这种做法不利于砚台的研磨和发墨。因为长时间下去会令油汁堆积在砚石层里，当气候潮湿时，砚石就会发生转潮现象，吸入砚石层里的油汁就会浸透出来，导致砚体污染和生成异味，影响使用效果。（图 6-5-3）

其实端砚的保养方法最简单：主要保持通风阴凉，用时轻拿轻放，用后保持清洁，平时抚摸擦拭就行了。

图 6-5-3　悟道砚（正、背）（柳新祥作）

### 三、藏砚的方法

1. 赏砚

玩赏端砚时，应轻拿轻放。不能让砚与金属、瓷器或玻璃器物碰撞，更不能把端砚放置于重物下面，以防撞裂、压破。

2. 置砚

通常使用者会把拍卖或收购回来的古旧新端砚放置在博古架上或柜台上对着阳光照射，其实这种养护方法不科学，最好的方法是将端砚置于橱柜或收藏于卧室里，主要是避免端砚受到阳光直射，以致砚质干燥，影响发墨和出现砚盒干裂。

3. 取砚

端砚一般都配有红木盒、铜盒、玉盒等高级砚盒，如果想取砚，首先要轻轻地拿起砚盖，然后小心拿起砚台。当出现砚台盒太紧，取不出时，可用双手把砚盒倒置于铺有毛巾的桌面上，轻轻敲拍砚盒，使砚身脱出，决不能用金属物撬弄，以免伤砚。

4. 放砚

由于端砚名贵，放砚时更要小心，顺着砚与盒的位置自然放入，切不可将砚倒置，使砚紧塞在砚盒中，以免发生砚盒崩裂现象，影响端砚的收藏价值。（图6-5-4）

图 6-5-4　清廉砚（柳新祥端砚艺术馆藏）

5. 翻新砚

当购买的端砚放在家中相当一段时间后，砚自然会出现反潮和发霉现象，使整个砚体显得不够光亮和美观，这是因为端砚石内含有大量水分，尤其在春天这种现象最为明显，但其本质上并不影响端砚的使用和收藏，更不是质量有问题或者是"假货"，使用者不必担心。如果要想端砚翻新，可把端砚从砚盒内取出来，放在平稳而铺有毛巾的台面上，用小型电吹风，在砚正面和背面反复吹几次，直至砚石各个局部纹饰上的蜡完全熔化，然后用干毛巾和软布拭擦一遍，端砚便焕然一新。

## 四、修补砚的方法

不论是古端砚还是当代端砚作品，经过数十年甚至数百年的摆放触摸，难免在砚局部会出现风化或损坏，或因磕碰而出现残缺，直接影响端砚的美观和收藏价值。为了减少损失，应采用以下方法处理：

1. 线条损缺

先了解端砚损坏的程度。如果是端砚的线条已断，这时，也不必着急，你要知道它是属于哪一种坑别，最好用相同的坑砚石材修补，尽量保持石色一致。如果端砚损坏面积不大，可用刻刀将线条铲平或修细，尽量保持原有形状。

2. 花纹模糊

纹饰是端砚艺术和经济价值的重要体现，由于端砚上的纹饰已摔破或成碎粒、粉状，模糊不清，影响其艺术美感，这时，不要自己修理，最好请专业砚雕师傅根据端砚上原有纹饰及刀法仿照刻制，以保持端砚的线条和纹饰一致。（图6-5-5）

3. 砚石断裂

不管端砚是原始的裂痕还是当下造成的断裂，在修补时都要认真检查端砚裂痕出现的位置以及断裂的程度。一般情况下，修补端砚的小缝裂痕较为简单。只要用"502"液态胶水滴入裂缝隙中，直至填满为止，最后用1000#水磨砂纸磨平即可。

如果是端砚整体破裂成块，有大段裂痕，修补的难度就大，此时可把端砚的两个断块部位先用酒精或清水洗刷干净后，再用"农机粘补胶"，将两块砚石准确地对上位，

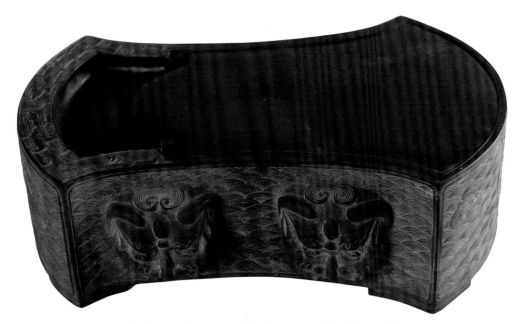

图6-5-5　仿宋四兽风字形砚（柳新祥端砚艺术馆藏）

并用绳索固定起来，在温室条件下，24小时自然晾干，然后请专业砚雕师傅修理纹饰，直至纹饰清晰、线条流畅即可。

## 五、保护砚的方法

有人说，端砚是石头，经磨耐用，风雨不惧。其实端砚石质也很娇嫩，如果保护不当很容易损坏。笔者通过数十年的实践，总结出保护端砚的"三忌"与"三怕"，供端砚爱好者参考：

1. 三忌

（1）忌油

端砚应避免接触油腻。这是因为油脂会封堵砚石的微细孔隙，使石质中的灰土不能退出来，砚自然不会莹润净洁。端砚一旦沾了油，可以用两个办法解决：一是用温水烫一下，便可退油；二是将砚放入痱子粉或干面粉中，帮助吸除油脂。（图6-5-6）

图 6-5-6　秋夜松风砚（柳飞作）

（2）忌腥

端砚石与腥物接触，在使砚石含有腥味的同时更会伤到石质。用科学的道理来解释，就是腥气或腥液中所含的化学成分有一定的腐蚀性，会导致石质受损。

（3）忌污秽

这与忌油的道理相似，就是污秽会封堵砚石的微细孔隙，而使石质中的灰土及有害化学成分受污，伤害砚石。而有人为了使砚达到古旧的效果，不惜将端砚放入化学溶剂里浸泡腐蚀，这种方法绝对不可取。

2. 三怕

（1）怕火

端砚如果常靠近火或热源，则可能使石质的表面光泽和透明度尽褪。端砚近火受热，还会导致裂纹的产生，使石质受伤。因此，在摆放砚石的柜台中最好常放一杯水，调节柜中的温度和湿度，减少射灯对端砚的损坏。

（2）怕姜水

端砚与姜水接触，会使端砚原有的光泽黯淡，有些藏家朋友将"姜水"作为除腥、除臭之物或作为保护端砚的水剂，每隔三五天即将端砚放入姜水中浸泡，以为这样能防止端砚干燥或除异味，但却想不到会伤及端砚的石质，如果经常这样，还会使得端砚干涩无光滞墨，使端砚上生成大小不等的麻点，造成难以补救的后果。（图6-5-7）

（3）怕"惊气"

当收藏者用重金购得一方名贵的端砚时，回家后总是格外高兴，兴奋之余或研墨使用或欣赏把玩，享受端砚的艺术之美。但稍有不慎，将端砚跌落在地或碰于硬物之上，轻则有裂纹、断边，重则"粉身碎骨"。即使滑落地上不见裂纹，也不意味着其完好无损，这就是藏家所说的"惊气"，因为端砚在受撞击或跌落地上之后，端石的内部结构总会产生微细裂纹，为雕刻纹饰线条的隐性损伤留下了隐患。因此，藏家们一定要心平气和，戒骄戒躁，小心呵护，让端砚伴你一生，真正起到修身养性、延年益寿的作用。

图6-5-7　正方形兽耳双环井田砚(柳新祥端砚艺术馆藏)

# 第五节　端砚盒（座、架）的养护

端砚需要保养，砚盒更需要养护。作为端砚艺术门类中的重要组成部分，同样发挥着端砚装饰美的作用。（图 6-6-1）

如今市场上制作的木质砚盒，大多选用酸枝木、紫檀木、花梨木、鸡翅木、菠萝格等高档木材制作，此类木材质地细腻、滑润，各种纹理清晰自然。在养护方面，要注意

图 6-6-1　端砚带盒

以下六点：

一是常打蜡，保持砚盒光洁。由于这些高档砚盒选料上乘，做工精细，为了保持原木天然之美，收藏使用者最好每两个月把砚盒除尘打蜡一次，以保持砚盒的光泽度。

二是轻拿轻放。在搬移挪动砚盒时，要小心翼翼地放置，观赏时要铺毡子，存放橱架上不可重叠压置，以防破损。

三是防冷热。平时不要把砚盒在阳光下曝晒，冬天更不要把砚盒靠近暖气。存放的时候，最好用保险塑料袋套上，系紧袋口，防止木盒热胀冷缩。

四是防变形。如果要配新砚盒，砚台上下左右要保留空隙，防止砚盒因气候变化而膨胀变形。

五是修复保持原貌。旧盒残破不可丢弃，修理时要用同样的木材拼接，确保砚盒的纹路与色泽统一。

六是确保砚盒、木架、木柜清洁光亮。家中收藏的端砚有用玉石盒、金属盒、木座、木柜等包装，这些包装盒容易积灰尘，在必要时要不定期打蜡护理，以保持新鲜光亮，尤其是木制品。尽量避免曝晒雨淋，导致崩裂，影响美观。（图6-6-2）

图 6-6-2　木座陈列

# 第七章
# 作品赏析

　　端砚之所以称雄于世千余年而不衰，被誉为"四大名砚"之首，不仅是因为它具有优良的石质、独特奇妙的天然石品花纹，而且更有"巧夺天工"的雕刻工艺。早在唐代，诗人李贺就写下了"端州石工巧如神，踏天磨刀割紫云"的千古绝句，流传至今，家喻户晓。千百年来，端州黄岗砚雕艺人"以石为田，以砚为耕"，前仆后继，代代相传。

　　随着时代的变迁，电子办公设备代替了文房书写用具，端砚的研墨使用功能也逐渐消退。但端州黄岗一大批老、中、青砚雕艺术家根据当代人的审美情趣及市场需求，勇于开拓创新，利用端砚石独有的石质、石色及各种石品纹理"因石构思，因材施艺"，并从造型、题材、技法、刀法等方面入手，采用深雕、通雕、镂空雕、浅雕、线刻、俏色雕等技法精心设计创作出一大批具有实用性、艺术欣赏性和收藏（投资）价值，以及具有浓郁的"广作"砚雕风格的优秀作品，使博大精深的端砚雕刻艺术得到弘扬和传承。

名称：春暖砚

坑别：坑仔岩石

规格：长 42.5 厘米，宽 27.5 厘米，高 11.5 厘米

石品：石眼、翡翠、火捺、青花

作者：黎铿（中国工艺美术大师）

简介：木棉树是岭南的特有树种，在肇庆每到春天，一簇簇盛开的木棉花争相吐艳、花红似火。作者以木棉花为创作题材，根据砚的石质、石品而"因石构图，因材施艺"，巧妙利用砚石上一颗颗精美石眼作花蕊，采用深雕、通雕、镂空雕等技法雕琢而成。整方砚深浅互补，点线面结合，艺术美感强烈。

名称：如日当空砚

坑别：宋坑石

规格：长 35 厘米，宽 25 厘米，高 4 厘米

石品：火捺、蕉白叶

作者：刘演良（中国制砚艺术大师）

简介：作者在砚面巧妙地将一颗"金线火捺"置于砚堂上，如日当空。在右侧雕山峰峻峭，亭台楼阁隐于山涧。左侧雕树木花草，衬托景色中间的大砚堂，使天与地、山与水之间产生强烈的空间对比和美感。

名称：三希堂法帖砚

坑别：坑仔岩石

规格：长 31 厘米，宽 23.5 厘米，高 4 厘米

石品：石眼、蕉叶白、青花、翡翠

作者：张庆明（中国工艺美术大师）

简介：作者以坑仔岩上的三颗石眼取意构思，砚左右两侧用大小不同的书体刻王羲之《快雪时晴帖》、王献之《中秋帖》、王珣《伯远帖》字句，作者刀法刚健、舒畅。砚面上下分别以阴阳书体镌刻乾隆御题"三希堂"及"至宝"书法，刻字功力深厚。

名称：竹林七贤砚

坑别：坑仔岩石

规格：长 40 厘米，宽 34.5 厘米，高 8 厘米

石品：石眼、天青、青花、火捺、石皮

作者：梁佩阳（中国工艺美术大师）

简介：作者把砚石上的七颗石眼设计在左上方，寓意天上的七颗北斗星。而在下方雕“七贤”在竹林或坐或立，或弹琴、阅读，或唱歌、赋诗。“七贤”与“七星”遥相呼应，天地相融。人物形神各异，栩栩如生，堪称天工佳作。

名称：福禄寿砚

坑别：坑仔岩石

规格：长 30.5 厘米，宽 17.5 厘米，高 3.6 厘米

石品：石眼、火捺、蕉叶白

作者：梁金凌（中国工艺美术大师）

作者选用天然坑仔岩石精心构思，巧妙运用砚石上的一颗天然石眼喻作葫芦，寿星翁手执龙头拐杖，仙鹤依身，蝙蝠嘴衔灵芝回首观望，砚首雕青松以凸显主题，具有"延年益寿"之寓意。

名称：枯木逢春砚

规格：长 20 厘米，宽 13 厘米，高 6.5 厘米

坑别：坑仔岩石

石品：鱼脑冻、蕉叶白、火捺、石眼、玫瑰紫、天青等

作者：程文（中国制砚艺术大师）

简介：作者取优质天然随形坑仔岩石精心构思，首先将优美的石眼及鱼脑冻放置砚堂上供人观赏。后将砚体雕琢成一段枯木树干，在砚侧以线刻技法雕出树干弯曲的年轮，通过枯树、年轮暗指沧桑岁月，启示人们珍惜时间和生命。

名称：黄河竞渡砚

坑别：木纹石

规格：长 35 厘米，宽 25 厘米，高 8 厘米

石品：彩带、石皮、水波纹

作者：梁弘健（中国制砚艺术大师）

简介：作者别具匠心地利用木纹石的天然纹理作水波纹，在砚面雕刻一群壮士在浪
涛中手执木桨竞渡的场面。砚面人物刻画生动，神形自然逼真，体现了作者丰富的想象
力和高超的创作技巧。此砚现藏于肇庆市博物馆。

名称：钟馗招福砚

坑别：麻子坑石

规格：长 50 厘米，宽 25 厘米，高 4.5 厘米

石品：鱼脑冻、天青、蕉叶白、火捺、玫瑰紫

作者：李志强（中国制砚艺术大师）

简介：作者因砚石上一块天然鱼脑冻似钟馗之脸而巧生灵感，在巧妙利用天然石形、石皮的基础上刻画钟馗头顶尖秃，怒目圆睁，人物神态、形态大胆夸张，人物表情生动、亲和，滑稽有趣。

名称：九龙腾飞砚

坑别：宋坑石

规格：长 192 厘米，宽 120 厘米，高 85 厘米

石品：火捺、石眼、翡翠

作者：柳新祥（中国制砚艺术大师）、柳飞

简介：作者在砚四角留四足，雕辅首及四爪。砚面留大砚堂，砚额深雕三条蛟龙戏珠，纹饰下方作墨池，以保持砚的使用功能。砚侧采用深雕、通雕、镂空雕等多种技法精雕"蛟龙戏珠"图案，并用祥云连接，九条蛟龙在云中穿越，砚体层次分明，疏密相间，艺术效果鲜明。

名称：丰年盛世挂满枝砚

坑别：麻子坑石

规格：长 27 厘米，宽 16 厘米，高 7 厘米

石品：石眼、天青、蕉叶白、火捺、青花

作者：莫伟坤（中国制砚艺术大师）

简介：作者利用砚石上的天然石眼巧妙构思，通过深雕、通雕、镂空雕等技法，雕刻出一串串饱满的葡萄，砚面上果叶翻卷，枝藤缠绕，雕刻刀法娴熟洗练，给人一种美的艺术享受。

名称：旭日东升砚

坑别：麻子坑石

规格：长 32 厘米，宽 28 厘米，高 5.5 厘米

石品：石眼、天青、青花、蕉叶白、火捺、翡翠、玫瑰紫

作者：程振良（中国制砚艺术大师）

简介：作者采用浅雕和浅浮雕技法，特将砚石上一颗天然石眼放置砚堂中间，并在砚四周雕波涛骇浪，漩涡四起，浪花飞溅。造型古朴、厚重，刀工精练娴熟，线条细腻流畅，寓意含蓄，意境感人。

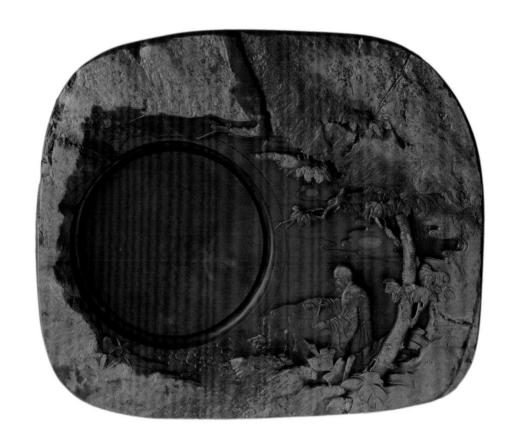

名称：怀素写蕉砚

坑别：麻子坑石

规格：长34厘米，宽29厘米，高6厘米

石品：火捺、石眼、翡翠、石皮

作者：吴顺明（中国制砚艺术大师）

简介：作者取砚石上的天然石皮、石色，充分发挥丰富的想象力，以圆形石渠作月，采用写意及浅雕手法雕"怀素写蕉"之景。犀利的刀工，把怀素和尚的神态刻画得入木三分。

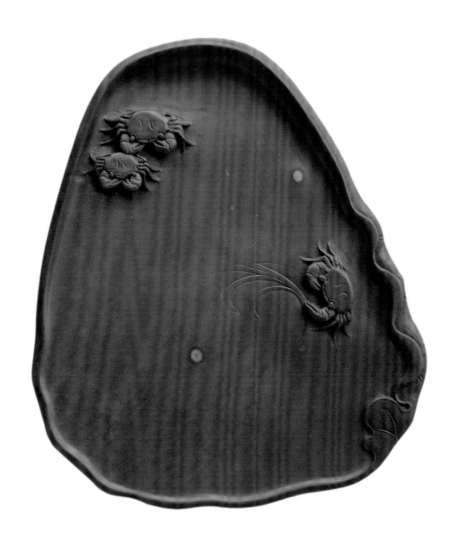

名称：和谐砚

坑别：坑仔岩石

规格：长 18.3 厘米，宽 16 厘米，高 2.5 厘米

石品：天青、石眼、青花

作者：黄伟洪（中国制砚艺术大师）

简介：作者以简单朴实、柔和流畅的线条和开阔的砚堂，突出砚的属性，巧妙将砚石上三颗石眼化为三只螃蟹嬉戏，动态自然、情趣浓郁、构思独特。作品刀法简洁精练，体现出作者深厚的艺术修养和刀笔功夫。

名称：日出东山砚

坑别：坑仔岩石

规格：长 36 厘米，宽 21 厘米，高 11 厘米

石品：鱼脑冻、天青、石眼、火捺、蕉叶白

作者：朱国良（中国制砚艺术大师）

简介：作者利用原砚石的高处雕刻松柏参天、峰峦耸立、祥云缭绕、溪水流淌。在砚石的低处，巧雕一叶小舟泛游于湖中，以圆形砚堂喻日出东山之景象。远山近景，层次分明，意境深邃，砚面给人一种天然的美感。

名称：佛光普照砚

坑别：坑仔岩石

规格：长 30 厘米，宽 34 厘米，高 4.3 厘米

石品：天青、火捺、鱼脑冻、玫瑰紫、马尾纹

作者：蔡三洪（中国制砚艺术大师）

简介：作者以砚石上的一块鱼脑冻石品为创作素材，独具匠心地采用深雕及浅浮雕
技法在右侧雕一罗汉静坐在山石上注目远望，以一团蕉叶白石品为背景，恰似一团佛光
从海浪中冉冉升起，喻示着"福寿"之星降临人间。作品人物表情和蔼自然，雕工细腻
精致，创意独特。

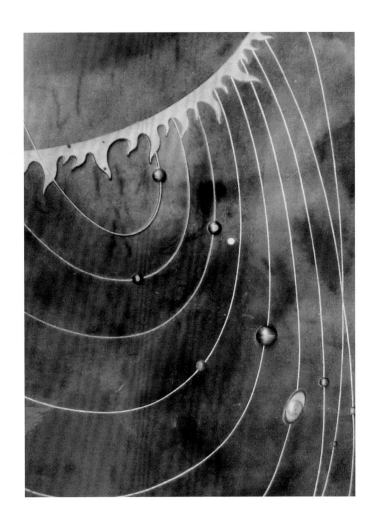

名称：太阳系群星轨迹砚

坑别：宋坑石

规格：长 50 厘米，宽 35 厘米，高 3 厘米

石品：火捺、石眼、蕉叶白、胭脂晕

作者：程柱开（中国制砚艺术大师）

简介：作者把砚石上错落有致的石眼巧妙地用线条连接起来，分别将太阳系的金星、木星、水星、火星、土星及天王星、海王星等众星展现于砚面，以圆形砚堂喻日，实用性强，可谓匠心独运之妙作。

名称：游艺自度心神通砚

坑别：坑仔岩石

规格：长 22.9 厘米，宽 16.2 厘米，高 7.8 厘米

石品：天青、青花、火捺、蕉叶白

作者：莫少锋（中国制砚艺术大师）

简介：作者以神话传说为题材，采用浅浮雕及线刻技法精心雕琢。在砚面四边及砚池内雕"蓬莱仙阁图"，在砚四侧刻十八罗汉东渡的场景，以及水雾缥缈、祥云缭绕、波涛汹涌、神兽戏闹等纹饰。人物表情传神，线条精细流畅，体现出作者深厚的砚雕艺术功底。

名称：春暖花开砚

坑别：坑仔岩石

规格：长 36 厘米，宽 22 厘米，高 8.5 厘米

石品：天青、石眼、火捺、蕉叶白

作者：陈金明（中国制砚艺术大师）

简介：作者巧妙利用砚石上的一颗颗大小不等的天然石眼，将其巧妙设计为一朵朵木棉花，并采用深雕、浅雕及浅浮雕等技法，根据石眼不同形态、不同位置雕刻花蕊和苞蕾。为了增加艺术气氛，作者在砚堂外部雕繁茂枝叶、吐艳花蕊、飞舞花蝶，砚面呈现出春暖花开的新气象。

名称：采石图砚

坑别：麻子坑石

规格：长 35 厘米，宽 28.5 厘米，高 5 厘米

石品：蕉叶白、鱼脑冻、青花

作者：杨德球（中国制砚艺术大师）

简介：作者取天然麻子坑砚材在砚面开砚堂、留砚池，确保砚的实用性，又以浅雕手法在砚四边雕重峦叠嶂、树木从生，生动刻画采石工下坑采石并从坑洞内将砚石搬运出来的场景。以此记录作者年轻时下坑采石、艰苦创业的历程和对人生的感悟。

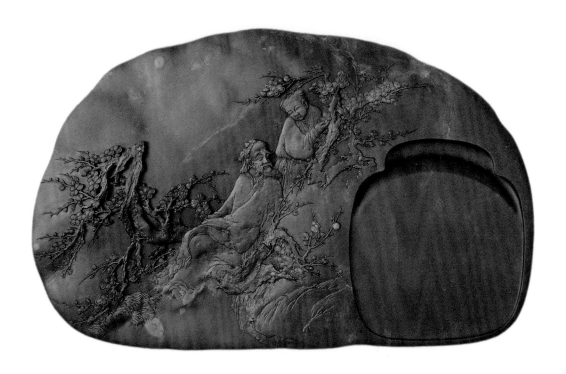

名称：暗香浮动月黄昏砚

坑别：坑仔岩石

规格：长 40 厘米，宽 25 厘米，高 5.5 厘米

石品：石眼、翡翠、青花、蕉叶白、火捺

作者：钟子健（中国制砚艺术大师）

简介：作者依据砚石上的一片翡翠纹而设计，将人物、梅花、明月巧妙结合于画面中。

淡淡的月光烘托出梅花的含苞待放之美。意境深邃，创意独特，人物雕刻生动传神。

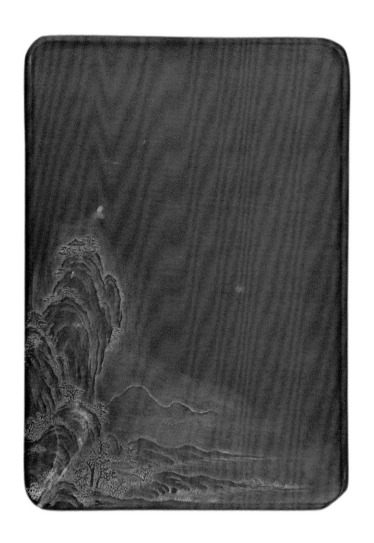

名称：江山如画砚

坑别：坑仔岩石

规格：长 13.9 厘米，宽 9.8 厘米，高 2.1 厘米

石品：天青、青花、翡翠、玫瑰紫

作者：梁德常（中国制砚艺术大师）

简介：作者以中国水墨山水画为创作题材，以刀代笔。在砚石正背面采用浅浮雕技法雕山峦起伏、草木苍翠，景色远近相融，意境高远清幽。作者雕刻刀法简练，层次分明。

名称：丝路驼声砚

坑别：宋坑石

规格：长 19.3 厘米，宽 14.3 厘米，高 2 厘米

石品：石眼、火捺、翡翠斑、彩带

作者：赵桂炎（广东省工艺美术大师）

简介：作者精选一颗带有石眼的宋坑石，匠心独运地将石眼置于砚面作盈月。并采用浅浮雕技法雕在朦胧的月光下，一群骆驼在无际的沙漠中缓缓走过的场景。作品构图简洁，雕工精致，意境令人回味无穷。

名称：泉远流长砚

坑别：斧柯东石

规格：长 120 厘米，宽 88 厘米，高 10 厘米

石品：蕉叶白、火捺、石皮

作者：陈洪新（广东省工艺美术大师）

简介：华夏古钱币萌芽于夏朝，起源于殷商，发展于东周，统一于嬴秦，历经 4000
多年历史沧桑。品种丰富，内涵博大。它是中华民族历史发展的一个缩影和见证。作者
选用优质砚石精心制作出不同朝代的钱币，巧妙地将砚堂设计为钱币形，砚池为石渠，
凸显砚的实用价值，可谓是"独具匠心、古韵浓厚"的佳作。

名称：星月相辉耀人间砚

坑别：坑仔岩石

规格：长 41.2 厘米，宽 36.8 厘米，高 4 厘米

石品：石眼、浮冻、天青、玫瑰紫、火捺

作者：张玉强（广东省工艺美术大师）

简介：作者巧妙利用砚石上的石眼作星辰，在砚石左下角随天然石状，雕重峦叠嶂，山涧掩映着几幢楼台殿阁，一群文人名士闲坐其中，斟酒高唱，举杯邀月。更巧妙的是作者将石眼旁的一块瑕疵，匠心独运地雕为初月，整方砚如诗如画，活脱脱一派秋山佳境之景。

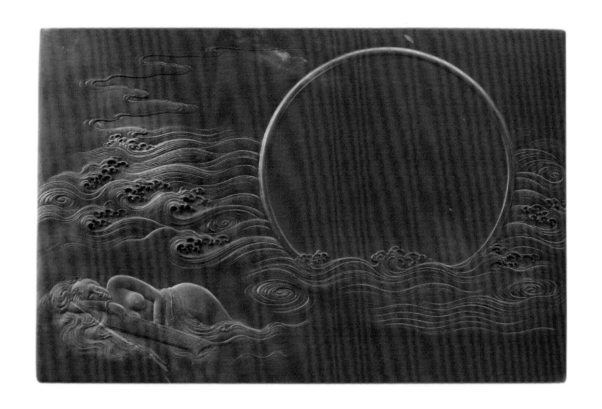

名称：海上生明月砚

坑别：坑仔岩石

规格：长 38 厘米，宽 26 厘米，高 5 厘米

石品：蕉叶白、火捺、翡翠等

作者：黄超洪（广东省工艺美术大师）

简介：作者以张九龄诗《望月怀远》为创作题材，采用浅浮雕及线刻手法雕一轮明月从海浪中冉冉升起，砚堂下方雕一佳人抱琴酣然入梦，期盼梦中情郎早日相会。整方砚呈现出"虚实相间，动静相融"的艺术效果。

名称：志比天高砚

坑别：坑仔岩石

规格：长 45 厘米，宽 31 厘米，高 16 厘米

石品：石眼、蕉叶白、火捺、玫瑰紫、青花、鹅毛绒青花、胭脂晕

作者：马志东（广东省工艺美术大师）

简介：作者在设计中以砚堂为明月，在砚侧采用高浮雕手法把石中石眼一一"追挖"出来，喻作满天繁星，并采用通雕及镂空雕等技法雕"双龙戏珠"。蛟龙在祥云中遨游，若隐若现，栩栩如生。雕刻层次分明，气势非凡。作品尤以石眼多、大、圆、润而罕见，名贵至极。

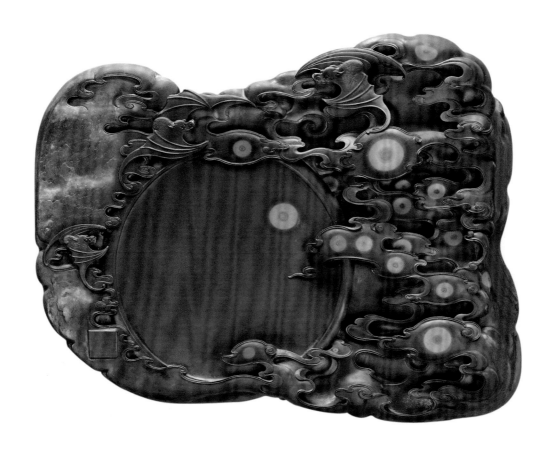

名称：洪福齐天砚

坑别：坑仔岩石

规格：长 21 厘米，宽 17 厘米，高 5.5 厘米

石品：石眼、蕉叶白、火捺、天青

作者：伦桂洪（广东省工艺美术大师）

简介：作者以砚石上的珍贵石眼而构思，采用深雕、镂空雕等技法将石眼逐一"追"出后，再用飘动的祥云与石眼相连接，使每颗石眼如星辰在天际间闪耀。作者为凸显主题，又在砚面祥云间雕"蝙蝠"飞舞，以增强艺术效果。在传统艺术中"蝠"与"福"同音，故此砚有"洪福齐天"的寓意。

# 参考文献

一、宋代

苏易简：《文房四谱》，重庆：重庆出版集团、重庆出版社，2010 年版

二、清代

于敏中：《西清砚谱·卷七》，北京：中国书店，2014 年版

唐秉均：《文房肆考图》，重庆：重庆出版社，2010 年版

三、当代

郑家华：《西清砚谱·古砚物展》，台北：台北故宫博物院，1997 年版

张淑芬：《中国文房四宝全集 2·砚》，北京：北京出版社，2007 年版

田自秉：《中国工艺美术史》，上海：东方出版中心，1985 年版

高美庆：《紫石凝英：历代端砚艺术》，香港：香港中文大学文物馆，1991 年版

杜廼松：《青铜器鉴定》，桂林：广西师范大学出版社，1993 年版

首都博物馆编：《首都博物馆馆藏名砚》，北京：北京工艺美术出版社，1997 年版

肇庆市端州区地方志编纂委员会编：《肇庆市志》，广州：广东人民出版社，1996 年版

陈日荣：《宝砚风华录》，北京：语文出版社，1998 年版

凌井生：《中国端砚——石质与鉴赏》北京：地质出版社，2003 年版

《端砚大观》编写组：《端砚大观》，北京：红旗出版社，2005 年版

郑银河、郑荔冰：《吉祥龙》，福州：福建美术出版社，2005 年版

中共肇庆市委宣传部，肇庆市文化广电新闻出版局：《肇庆文化遗产》，广州：南方日报出版社，2009 年版

柳新祥：《中国名砚·端砚》，长沙：湖南美术出版社，2010 年版

陈羽：《端砚民俗考》，北京：文物出版社，2010 年版

李护暖：《历代端砚著述·上卷》，广州：岭南美术出版社，2015 年版

李护暖：《历代端砚诗赋广辑及注释》，广州：岭南美术出版社，2011 年版

柳新祥：《中国砚台收藏问答》，长沙：湖南美术出版社，2011 年版

肇庆市端州区地方志编纂委员会编：《肇庆市端州区志》，北京：方志出版社，2012 年版

程明铭：《中国歙砚大观》，北京：北京大学出版社，2012 年版

骆礼刚：《西江日报·砚玉街》，2014 年版

梁弘健：《紫云追梦·肇庆市端砚行业发展概况》，2018 年版

# 后记

设计创作、研究端砚，是我一生的事业。40多年来，端砚成为我的唯一。我每天看不到端砚、摸不到砚石、不抓刻刀就感觉生活失去了乐趣。当下使用、收藏（投资）端砚的人越来越多，他们渴望了解端砚相关知识，而我作为专业制砚者，总按捺不住撰著砚书的冲动。但写端砚专著又谈何容易！耐不住寂寞，吃不了苦头，没有社会责任和奉献精神是坚持不下去的。于是，我放下手头上的端砚创作和生意，满怀信心地投入到写作中。为保证写作质量，我跑遍全国各地的博物馆、图书馆、档案馆搜集端砚资料。每天静坐书房写作直至深夜。不论春夏秋冬，年复一年，风雨不改。一眨眼五年过去，写作中的酸甜苦辣，一言难尽。

该书得以付梓，不仅要感谢全家人的付出，更要感谢张淑芬、陈振中、叶尔康、骆礼刚、凌井生、王建华、李护暖、陈羽、陈日荣、郭穗华、萧健玲、周一萍、欧忠荣、赵粤茹、梁弘健、梁剑等专家、教授为我提供相关文献资料，还要感谢肇庆诸位制砚大师为我提供端砚作品图片，以及中华炎黄文化研究会砚文化工作委员会相关领导刘红军、张维业、唐本高、张国兴、关键等对我的鼎力支持。在此，谨向各位老师致以崇高的敬意与诚恳的谢忱！

出版该书，意在为同行及端砚收藏（投资）爱好者提供参考资料和实物图录，由于本人撰写水平有限，难免有错漏之处，敬请诸位老师斧正。

柳新祥

2021年10月

295

图书在版编目（CIP）数据

中华砚文化汇典. 砚种卷. 端砚 / 柳新祥，柳飞著
. -- 北京：人民美术出版社，2021.11
ISBN 978-7-102-08503-6

Ⅰ. ①中… Ⅱ. ①柳… ②柳… Ⅲ. ①砚－文化－中
国 Ⅳ. ①TS951.28

中国版本图书馆CIP数据核字(2020)第088629号

# 中华砚文化汇典·砚种卷·端砚

ZHONGHUA YANWENHUA HUIDIAN·YANZHONG JUAN·DUANYAN

编辑出版　人民美术出版社
　　　　　（北京市朝阳区东三环南路甲3号　邮编：100022）
　　　　　http://www.renmei.com.cn
　　　　　发行部：（010）67517602
　　　　　网购部：（010）67517743

责任编辑　邹依庆　范　炜　王　珏
装帧设计　翟英东
责任校对　魏平远
责任印制　夏　婧
制　　版　朝花制版中心
印　　刷　鑫艺佳利（天津）印刷有限公司
经　　销　全国新华书店

版　次：2021年11月　第1版
印　次：2021年11月　第1次印刷
开　本：889mm×1194mm　1/16
印　张：19.75
ISBN 978-7-102-08503-6
定　价：368.00元
如有印装质量问题影响阅读，请与我社联系调换。（010）67517812